云南省人群环境暴露行为模式研究
（成人卷）

黄建洪　谢　鑫　张　琴　田森林　崔祥芬　编著

中国环境出版集团·北京

图书在版编目（CIP）数据

云南省人群环境暴露行为模式研究. 成人卷 / 黄建
洪等编著. -- 北京 : 中国环境出版集团, 2025. 6.
ISBN 978-7-5111-6249-6

Ⅰ. X503.1

中国国家版本馆CIP数据核字第2025MC7747号

责任编辑　孔　锦
封面设计　岳　帅

出版发行　中国环境出版集团
　　　　　（100062　北京市东城区广渠门内大街 16 号）
　　　　　网　　　址：http://www.cesp.com.cn
　　　　　电子邮箱：bjgl@cesp.com.cn
　　　　　联系电话：010-67112765（编辑管理部）
　　　　　发行热线：010-67125803，010-67113405（传真）
印　　刷　北京中科印刷有限公司
经　　销　各地新华书店
版　　次　2025 年 6 月第 1 版
印　　次　2025 年 6 月第 1 次印刷
开　　本　787×1092　1/16
印　　张　5.5
字　　数　100 千字
定　　价　49.00 元

前　言

环境健康风险评估的科学性依赖于对人群环境暴露行为模式的精准刻画。随着我国环境污染治理的深入，成人群体作为社会生产活动的主要参与者和家庭决策的核心主体，其环境暴露行为模式不仅关乎个体健康，更直接影响区域环境政策的制定与实施效果。云南省地处中国西南边陲，兼具高原山地地貌、多元民族文化及差异化城乡发展特征，成人群体的生产生活方式、职业暴露特征及环境接触频率与儿童存在显著差异。因此，开展针对云南省成人的环境暴露行为模式研究，是完善全省环境健康风险评价体系、实现精准化环境管理的关键环节。

相较于儿童群体，成人的环境暴露行为更具复杂性和动态性。一方面，职业暴露（如农业劳作、矿业生产、工业活动等）成为成人特有的重要暴露途径；另一方面，成人的生活习惯和社会角色进一步增加了暴露参数的异质性。此外，云南省多民族聚居的特点使得不同民族成人的饮食结构、居住环境和传统习俗差异显著，这些因素均可能导致暴露评估结果的区域性偏差。基于此，针对云南省成人开展系统、科学的环境暴露行为模式研究，不仅能够填补西南地区成人暴露参数的本土化空白，更能为全国差异化环境健康风险管理提供典型范例。

为全面掌握云南省成人群体的环境暴露特征，云南省生态环境厅联合昆明理工大学于2019—2022年开展了专项调查研究，将成果汇集成《云南省人群环境暴露行为模式研究（成人卷）》。本书共分6章：第一章系统介绍了项目的背景和意义、调查对象与内容、调查方法、数据管理与统计分析、质量控制与评价；第二章介绍了调查对象基本情况；第三章介绍了水环境介质相关的暴露特征；第四章介绍了土壤/尘环境介质相关的暴露特征；第五章分析了与环境健康风险相关的暴露防范特征；第六章为主要研究结论与建议。

本书首次构建了云南省成人环境暴露参数数据库，旨在为云南省进行成人暴露参数评估提供指导和参考。在本书编写过程中，我们积极与云南省相关部门和专家进行沟通和交流，借鉴实际经验和专业意见，以确保本书在科学性、实用性和适用性等方面能较好地兼顾。研究成果可为云南省环境标准修订、健康风险评估及污染防治优先方案制定提供数据支撑，助力《"健康云南 2030"规划纲要》中环境健康指标完成。本书出版得到云南省"兴滇英才支持计划"产业创新人才项目（编号：XDYC-CYCX-2023007）的资助。感谢参与本项目研究及报告编写的博士研究生朱彬、作建芬、李玥葶、罗大伟，硕士研究生杨顺富、程明豪、赵云鸽、黄玥娜、舒俊宇、罗秋立、陈永康、徐晨曦、李佳玥、李新宇、周文茜、李诗宇、黄小乙、孔涵、蒋卓伦，本科生范佳乐、颜妍、王墨政等。生态环境部华南环境科学研究所于云江研究员、胡国成研究员，云南省疾病预防控制中心王晋昆高工，北京科技大学段小丽教授、王贝贝老师，以及云南省生态环境厅管琼、高红英、李志明等同志对本书的悉心指导和支持。中国环境出版集团孔锦编辑对本书的撰写提出宝贵建议，在此一并致以衷心感谢。

期待本书能为生态环境管理部门、科研机构及环境健康工作者提供参考和指南，为保护和促进人群健康发挥积极作用。限于研究广度与动态社会变迁的影响，书中难免有不足之处，恳请读者批评指正，共同完善本土化环境健康研究体系。

编著者

2025 年 5 月

目　录

第一章

概　述

第一节　背景和意义

一、研究背景

改革开放 40 多年来，随着我国经济社会的快速发展，资源消耗和环境污染问题日益突出，生态环境保护形势依然严峻。环境健康作为以人为本理念的重要体现，是保障人民群众生命安全和健康福祉的核心要素。随着工业化、城镇化进程加快，人口老龄化及生活方式的变化，维护和促进环境健康面临着前所未有的挑战，迫切需要科学的环境健康风险评估和有效的防控措施。为积极应对这一挑战，国家相继出台了一系列政策文件，系统部署环境与健康领域的工作目标和科研任务。2011 年，环境保护部发布《国家环境保护"十二五"环境与健康工作规划》，强调统筹推进环境与健康工作的战略重要性，明确提出要突出重点、循序渐进地推动环境与健康工作。2016 年，环境保护部与科学技术部发布的《国家环境保护"十三五"科技发展规划纲要》进一步提出，针对环境与健康领域的科技需求，需建立污染物多途径、多介质的人群暴露贡献率研究方法、健康毒性数据筛选和评价方法，加强对特殊人群暴露参数研究，为制定水、气、土健康基准提供依据。2017 年，环境保护部发布《国家环境保护"十三五"环境与健康工作规划》，要求在重点地区，开展环境健康风险源和环境总暴露调查，根据风险源分布、环境介质中主要有毒有害污染物水平、人群主要暴露途径及暴露人群分布特点，提出环境健康风险防控措施。2018 年，环境保护部办公厅发布的《国家环境保护环境与健康工作办法（试行）》强调，"各级环境保护主管部门应根据环境管理需要引导环境与健康科学技术研究、开发和应用，促进环境与健康风险能力建设，支持产学研结合，推动科技创新。"

在国家战略部署的指引下，云南省结合自身生态特点和环境健康需求，积极推进相关工作。《"健康云南 2030"规划纲要》提出，要系统开展云南省环境风险区划，构建科学的环境风险评价指标体系，制订有针对性的环境风险管理方案。逐步建立健全环境与健康管理制度，开展重点区域、流域、行业环境与健康调查，构建人群暴露监测和健康效应监测的环境与健康综合监测网络及风险评估体系，评估环境污染对人群健康的潜在威胁。

基于上述背景，开展环境与健康领域的科学研究，特别是针对云南省独特生态环境和人群特征的暴露参数研究，已成为落实国家和云南省生态文明建设战略、有效防控环境健康风险、保障人民健康的关键任务。本书的编写旨在填补云南省环境健康暴露参数研究的空白，为科学评估人群健康风险、制定环境健康相关政策、推动区域环境管理和健康保护工作提供坚实的数据支持和科学依据。

二、研究目的

健康风险评估（Health Risk Assessment，HRA）是将环境污染与人体健康联系起来的重要科学工具，旨在定量评估人群暴露于环境污染物后可能产生的不良健康效应。其核心特征在于以风险作为评价指标，基于环境污染物浓度、人体时间-活动行为模式以及相关暴露参数，系统分析环境污染对人体健康的潜在危害。目前，国际上广泛应用的健康风险评估方法是由美国国家环境保护局（USEPA）提出的风险识别（Hazard Identification）、暴露评估（Exposure Assessment）、剂量-反应评估（Dose-Response Assessment）和风险表征（Risk Characterization）"四步法"。其中，暴露评估是健康风险评估的关键环节，直接影响风险评估结果的科学性和准确性。在暴露评估过程中，暴露参数（Exposure Factors）用于量化描述人体通过不同途径（如呼吸、摄食、皮肤接触等）暴露于环境污染物的行为和生理特征。这些参数包括体重、摄水量、食物摄入量、吸入率、皮肤接触面积、暴露频率和持续时间等。尽管在污染物浓度测量精确的前提下，暴露参数的合理性和代表性仍是决定暴露剂量计算准确性的重要因素，进而直接影响健康风险评估结果的科学性和有效性。

暴露参数具有明显的地域差异性和人群特异性，受地域环境、经济发展水平、文化背景、生活方式和民族习俗等多重因素的影响。国际上，美国、英国、加拿大、日本、韩国、欧盟等国家和地区均已发布适用于本国或特定地区的人群暴露参数手册或数据库，为本国或特定地区健康风险评估提供了科学依据。中国的环境健康风险研究起步较晚，近年来陆续开展了一系列全国范围内的大型人群暴露行为调查，取得了具有中国特色的暴露参数数据，逐步填补了国内健康风险评估中暴露参数不足的空白。

尽管如此，现有研究主要集中在东部沿海地区和部分工业化程度较高的区域，对于具有复杂地理环境和多民族特色的西南高原地区，尤其是云南省的人群环境暴露行为特征研究十分有限。近年来，国内学者在不同地区开展了区域性环境暴露参数研究。例如，鲍梦莹等针对山西某焦化厂场地周边人群开展暴露参数研究，孟倩倩等对山西地区人群环境暴露行为模式进行了补充调查，结果均表明我国不同地区暴露参数与国内外推荐值存在显著差异。这一现象进一步表明了开展区域性暴露参数研究的必要性，以确保健康风险评估结果能够真实反映目标人群的实际暴露状况，避免因参数偏差导致风险被高估或低估。

为填补云南省在环境健康风险评估领域的暴露参数数据空白，云南省生态环境厅于2018年委托昆明理工大学环境科学与工程学院开展云南省人群行为模式与暴露参数调查项目，并予以专项经费支持。该项目旨在系统调查云南省不同地区、多民族人群的环境暴露行为模式，获取代表性人群的基础暴露参数数据，推动云南省乃至全国健康风险评估工作的科学化和精准化。本书是在《中国人群环境暴露行为模式调查（成人卷）》的基础上形成的，由昆明理工大学牵头，联合云南省疾病预防控制中心、北京科技大学等高校和机构共同完成。本书将为云南省及类似区域的健康风险评估、环境管理和公共健康决策提供重要的数据支撑和科学依据，助力环境健康研究的深入开展，推动"健康云南"建设目标的实现。

三、研究意义

根据环境暴露参数的影响因素（包括经济发展水平、地理分布、民族文化差异、生活方式等），本书将云南省划分为不同调查区域，选择具有代表性的人群开展环境暴露行为模式调查，获得调查对象基本信息与特征参数（涉水、涉土壤/尘暴露参数），建立能够反映云南省人群环境暴露特征的基础数据库，编制并发布《云南省人群环境暴露行为模式研究报告（成人卷）》（以下简称《研究报告》）。《研究报告》旨在进一步提高我国健康风险评价的准确性。这项研究具有重要的科学意义、政策意义和应用价值，具体体现在以下几个方面。

科学意义：第一，填补云南省暴露参数数据的空白。本研究将建立首个系统反映云南省人群环境暴露特征的基础数据库，填补云南省乃至西南地区在环境健康暴露参数研究领域的空白。第二，揭示多民族人群暴露行为差异。云南作为多民族聚居的省份，不同民族的生活方式、饮食习惯和居住环境差异明显。本研究将深入分析多民族人群环境暴露行为差异，丰富暴露科学理论。

政策意义：第一，为健康风险评估提供科学依据。研究成果将有效支撑云南省乃至全国范围内的环境健康风险评估工作，提高风险评估的准确性和可靠性。第二，服务环境健康管理与政策的制定。数据可用于支持环境污染防治规划、环境标准制定、健康基准设定等政策决策，推动环境与健康管理制度的完善。第三，助力"健康云南"建设。研究结果将为云南省落实《"健康云南 2030"规划纲要》提供科学支撑，助力生态文明建设和公共健康保障工作。

从实践层面来看，其应用价值为：第一，构建云南省环境暴露参数数据库。建立涵盖不同地区、不同人群暴露特征的数据库，作为云南省环境健康管理和科学研究的基础数据平台。第二，推动健康风险评估的本土化应用。研究成果将为环境影响评价、健康影响评估等领域提供本地化的暴露参数支持，提高评估结果的科学性。

第二节　调查对象与内容

一、调查对象

本次调查参考全国暴露参数调查的年龄分层方法，同时结合云南省人群的地域差异和调查便利性，将成人年龄分为 18～44 岁、45～59 岁和 60 岁及以上 3 个层次。调查目标人群为云南省 16 个市（州）128 个县的所有成人，采用分层随机抽样的方式确定调查样本人群，开展人群时间行为模式调查。

二、调查区域

本次调查综合考虑区域性因素（如气温、降水量、湿度、人均收入、城乡差异等）和个体因素［如年龄、性别、身体质量指数（BMI）、民族等］，将云南省 16 个市（州）划分为 6 个调查区域。每个区域随机选择 1 个具有代表性的市（州）作为样本地区，具体分布见表 1-1。

表 1-1　调查地区分布

片区	市（州）	样本市（州）
A 区	迪庆藏族自治州、怒江傈僳族自治州、丽江市	丽江市
B 区	大理白族自治州、保山市	大理白族自治州
C 区	临沧市、德宏傣族景颇族自治州、普洱市、西双版纳傣族自治州	普洱市
D 区	昭通市、曲靖市	曲靖市
E 区	昆明市、玉溪市、楚雄彝族自治州	昆明市
F 区	红河哈尼族彝族自治州、文山壮族苗族自治州	红河哈尼族彝族自治州

三、调查内容

本次调查内容主要包括调查对象基本情况、与水环境介质相关的暴露特征及与土壤/尘环境介质相关的暴露特征三个方面（表 1-2）。

表 1-2　调查内容

类别	项目	调查内容
调查对象基本情况	个人信息	性别、年龄、地区、民族
		受教育程度、职业等基本情况
与水环境介质相关的暴露特征	身体特征	身高、体重、皮肤表面积
	摄入量	饮水量（直接饮水量、间接饮水量和总饮水量）
	暴露类型	与水相关的暴露类型（饮水及用水特征、洗澡及游泳地点）
	暴露时间	与水相关的暴露时间（洗澡和游泳时间）
与土壤/尘环境介质相关的暴露特征	暴露类型	户外活动特征、场所、土壤暴露类型
	暴露时间	与土壤/尘相关的暴露时间

第三节   调查方法

一、抽样设计

（一）样本量计算

采用多阶段分层整群随机抽样方式获取样本，根据抽样原则，将云南省暴露参数进行分层：地理分布 6 层［根据云南省各市（州）地理位置、土壤类型及气候情况进行分层］、城乡 2 层（城市、农村）和性别 2 层（男、女）；按照以上分层因素，共分为 6×2×2=24 层。

$$N_i = \left(\frac{\mu_{\alpha/2} \times \sigma}{r \times \mu} \right)^2 \times \mathrm{deff} / (1-p) \qquad (1\text{-}1)$$

式中：N_i——最小样本量；

$\mu_{\alpha/2}$——显著性水平为 95% 时相应的标准正态差，取 1.96；

σ——标准偏差，取 1 557；

p——失访率，取 10%；

r——允许误差，取 15%；

μ——总体均数，取 2 014；

deff——设计效应值，取 1.4。

根据最小样本量计算公式，得出每层所需样本量为 158 份，总样本量为 158×24=3 792 份。

（二）抽样步骤和方法

在预调查的基础上，对普洱市、红河哈尼族彝族自治州（以下简称红河州）、丽江市、大理白族自治州（以下简称大理州）、曲靖市、昆明市 6 个市（州）成人采用多阶段分层随机抽样的方法调查。

第一步：从上述市（州）随机抽取 2～3 个调查县（区）。

第二步：从抽取的县（区）中，采用简单随机抽样的方式抽取 2～4 个乡镇/街道。

第三步：在抽中的乡镇/街道中，将常住人口的门牌号从小到大排序，每 30 户为 1 组；

采取随机抽样的方式抽取 2 组进行调查。

（三）调查对象置换

若存在调查对象拒绝调查或健康原因无法参与调查等情况，应按照就近原则，尽量选择同村的居民户进行置换，若无法实现则按照邻近村居民户置换的原则，置换率不能超过 10%。

二、调查实施

考虑本项目研究内容的多样性，分别采用问卷调查、现场调查（半定量和定量）方法开展人群时间行为模式调查，现场调查步骤如图 1-1 所示。

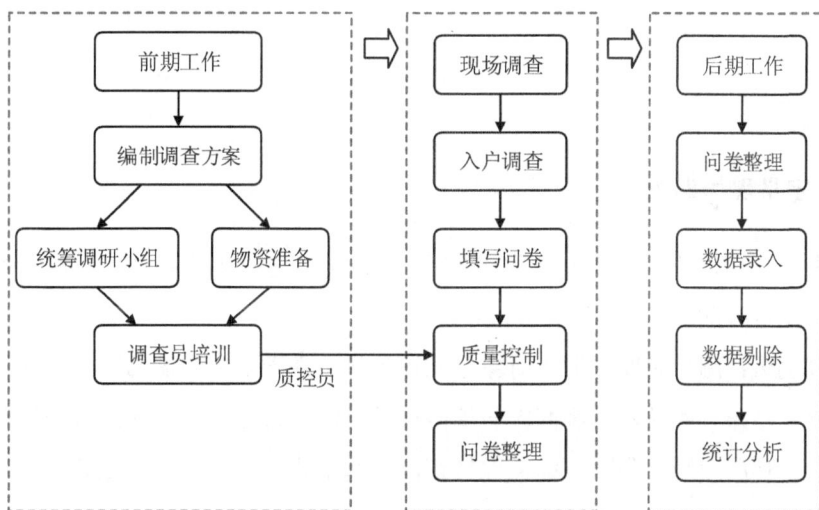

图 1-1　现场调查步骤

（一）问卷调查

采用自行设计的问卷进行一对一当面询问或集中填写的方式进行现场调查。

（二）半定量现场调查

针对饮水量这一参数，采用半定量的方式进行调查，调查时由调查员向调查对象出示标准碗（300 mL）和标准杯（250 mL）（图 1-2），以便准确估算调查对象的饮水量。调查内容主要包括直接饮水量、间接饮水量（包括喝冲调水和喝粥/汤等摄入的饮水量）和总饮水量。此处直接饮水量指白水，或茶、咖啡等形式的冲调水，不包括购买的牛奶、酸奶、饮料等商品性质的饮品。

（a）标准碗

（b）标准杯

图 1-2　标准碗和标准杯

（三）定量现场调查

针对人群身高、体重等基本参数，采用定量的方式进行调查，调查时由调查员采用统一的测量方法进行测量。

①身高测量：测量时要求调查对象呈立正姿势站立于平坦靠墙的地方，并且要求其双膝合拢挺直，足跟、骶骨及肩胛间区与墙面接触，躯干自然挺直，头部水平紧贴墙面，两眼平视前方，耳屏上缘与眼眶下缘需保持在同一水平线上。调查员站在其右侧，使用身高尺进行测量，记录时以 cm 为单位，精确到 0.1 cm。

②体重测量：测量前将体重秤放置于平坦水平面上，并对体重秤进行校准。测量时调查对象需在清晨空腹的状态下，且赤足、脱帽、只穿着贴身的衣服，并双足水平站立于踏板中间，双手水平放置于身体两侧，不可接触其他物体。调查员记录数据，以 kg 为单位，精确到 0.1 kg。

第四节 数据管理与统计分析

一、数据管理

在项目实施过程中，建立统一数据管理平台，规范数据采集、录入、传输、质控、存储和共享流程，确保数据的完整性和可靠性。

统一数据管理平台。本次调查将所有原始数据采集表、图像建库存档，实现了数据管理平台的统一。

统一数据管理操作。制定数据管理办法、数据管理规定、信息系统账户及数据使用权限管理规定，对数据采集、编码、录入、传输、核对、质控、维护、加工、存储、备份、恢复、保密、发布和共享等数据管理全过程进行了规范，实现数据管理操作统一。

统一数据采集标准。论证并整合 6 个市（州）的数据采集表，形成标准化格式，建立统一的数据字典，实现了数据采集标准统一。

统一数据质量控制。本次调查的数据管理中心组织昆明理工大学环境科学与工程学院对调研数据及问卷进行审核，实现了数据质量控制标准统一。

二、数据预处理

数据修约：数据按照《数值修约规则与极限数值的表示和判定》（GB/T 8170—2008）进行修约。为便于结果表达，本调查中数据和百分比均保留小数点后 1 位；分析测试结果保留 2 位有效数字，多于 2 位有效数字的以科学记数法表示；同一表格应采用同一种数据修约模式。

缺失值处理：本调查统计分析中没有对缺失值进行任何形式的填补，所有统计分析均基于可用数据完成。因此，同一人群不同分析指标的样本量可能有所差异。

离群值处理：参照《环境与健康横断面调查数据统计分析技术指南》，对数据库中的离群值进行处理。当样本数据服从正态分布时，依据《数据的统计处理和解释 正态样本离群值的判断和处理》（GB/T 4883—2008）剔除离群值；当样本数据不服从正态分布时，应制作样本数据箱线图（图 1-3），将满足 $X < P_{25} - 1.5\text{IQR}$ 或 $X > P_{75} + 1.5\text{IQR}$ 的观测值 X

定义为离群值，根据实际情况予以剔除。

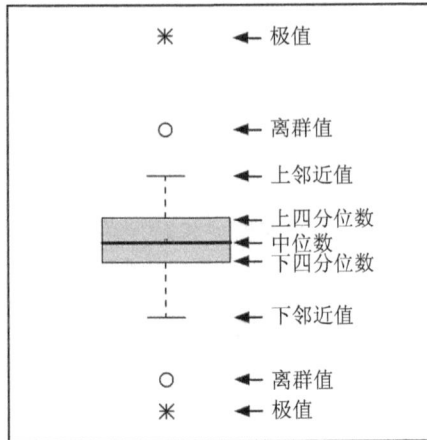

图 1-3　样本数据箱线图

未检出值处理：参照《环境与健康横断面调查数据统计分析技术指南》，未检出值用方法检出限（Limit of Detection，LOD）的 1/2 替代。

三、统计分析策略

根据统计分析结果，分析指标符合偏正态分布，因此《研究报告》中的数值指标未经特殊说明均采用中位数对平均水平进行统计描述。针对计数资料，分析样本例数和相应比率或构成比。

第五节　质量控制与评价

一、质量控制

（一）现场调查前的质量控制

方案修订：参考国内外相关调查方案与问卷，通过多次专家咨询、论证及现场预调查，最终确定调查方案与问卷。

技术培训：针对问卷调查和数据录入分别开展培训。采用省级和学校两级培训方式，由云南省疾病预防控制中心对参与调查的主要成员进行省级技术培训。培训过程中进行实习和现场考核，所有参加调查的组织者、质控员、督导员和调查员必须参加培训且考核合格，方能参加调查工作。

物资准备：为调查成员统一提供调查工作手册、调查问卷、调查所用标准量具（标准杯和标准碗）和测量工具（身高测量计和体重秤）。

预调查：为了验证调查问卷的科学性和可操作性，以及影响调查质量的关键技术环节，在现场调查正式开展之前，分别对不同年龄段人群开展预调查，并对预调查中发现的问题进行及时调整和完善。

（二）现场调查的质量控制

现场督导：制订并实施督导方案，派督导员到各调查点和部分现场实施阶段的调查点进行调研、指导。

询问调查：询问调查的质量控制措施包括问卷调查员自查、调查点质量控制员现场复查、督导员抽样核查等，问卷合格率须达 90%以上，漏项率、逻辑错误率和填写不清楚率须低于 10%。

身体测量：身高和体重要求由两名测量员完成，督导员分别抽取一定比例的调查对象进行复核，体重差值不超过 0.2 kg，身高（长）差值不超过 1 cm。

（三）现场调查后的质量控制

数据录入：各调查培训合格的数据录入员采用统一的录入软件对数据进行双录入，县（区）项目工作组负责数据库审核。昆明理工大学预先制订数据审核方案，按调查点对数据库进行核查。

数据清洗与分析：昆明理工大学制订数据清洗与分析方案，分两组独立进行数据清洗和分析。

二、评价指标

1. 皮肤表面积（Body Surface Area，SA）

$$SA = 0.012H^{0.6}BW^{0.45} \tag{1-2}$$

式中：SA——皮肤表面积，m^2；

　　　BW——体重，kg；

　　　H——身高，cm。

2. 综合暴露系数

综合暴露系数（EI）为单位质量的介质摄入量与介质暴露几率的乘积，反映人与某环境介质综合暴露行为模式特征的系数（环境保护部，2013a）。按暴露的介质类别可分为饮水综合暴露系数、水经皮肤综合暴露系数和土壤经皮肤综合暴露系数。各综合暴露系数的计算公式见表1-3。

表 1-3　各综合暴露系数的计算公式

介质	综合暴露系数	计算公式	定义
水	饮水 [L/（kg·d）]	$\dfrac{IR_{water}}{BW \times 1\,000} \times \dfrac{ET}{AT}$	IR_{water}——饮水量，mL/d； ET——暴露时间，d； AT——总暴露时间，365 d； BW——体重，kg
	水经皮肤 [mL/（kg·d）]	$\dfrac{SA \times T_{SW} \times 1\,000}{BW \times 1\,440} \times \dfrac{ET}{AT}$	T_{SW}——与水接触时间，为洗澡和游泳时间之和，min/d； SA——皮肤表面积，m^2
土壤	土壤经皮肤 [mg/（kg·d）]	$\dfrac{SA \times T_{SS} \times 1\,000}{BW \times 1\,440} \times \dfrac{ET}{AT}$	T_{SS}——与土壤接触时间，min/d

3. 与环境健康风险相关的暴露防范特征

风险暴露的防范行为涉及范围较广，受时间与经费限制，本次调查了两种暴露防范特征（表1-4）。

表 1-4　暴露防范特征评价指标

特征	评价指标
与水相关	饮用开水的人数占总人数的比例
与土壤/尘相关	与土壤/尘接触后居民洗手频次的行为占比

第二章

调查对象基本情况

第一节 调查对象分布及组成

本次调查获得有效样本 5 627 人，样本的年龄、性别、城乡、地区和民族分布情况与构成比见表 2-1 和表 2-2；不同性别、不同民族样本文化程度构成情况见表 2-3 和表 2-4。

表 2-1 样本的年龄、性别、城乡和地区分布情况

年龄	性别		合计	城乡		地区					
				城市	农村	曲靖市	普洱市	丽江市	昆明市	红河州	大理州
18～44 岁	男	人数	1 235	549	686	319	185	126	228	179	198
		构成比/%	100.0	44.5	55.5	25.8	15.0	10.2	18.5	14.5	16.0
	女	人数	1 640	780	860	321	293	175	245	263	343
		构成比/%	100.0	47.6	52.4	19.6	17.9	10.7	14.9	16.0	20.9
	小计	人数	2 875	1 329	1 546	640	478	301	473	442	541
		构成比/%	100.0	46.2	53.8	22.3	16.6	10.5	16.5	15.4	18.8
45～59 岁	男	人数	774	361	413	150	121	130	185	103	85
		构成比/%	100.0	46.6	53.4	19.4	15.6	16.8	23.9	13.3	11.0
	女	人数	853	380	473	147	155	137	175	109	130
		构成比/%	100.0	44.5	55.5	17.2	18.2	16.1	20.5	12.8	15.2
	小计	人数	1 627	741	886	297	276	267	360	212	215
		构成比/%	100.0	45.5	54.5	18.3	17.0	16.4	22.1	13.0	13.2

年龄	性别		合计	城乡		地区					
				城市	农村	曲靖市	普洱市	丽江市	昆明市	红河州	大理州
≥60岁	男	人数	522	245	277	81	84	83	106	77	91
		构成比/%	100.0	46.9	53.1	15.5	16.1	15.9	20.3	14.8	17.4
	女	人数	603	223	380	84	106	118	89	92	114
		构成比/%	100.0	37.0	63.0	13.9	17.6	19.6	14.8	15.3	18.9
	小计	人数	1 125	468	657	165	190	201	195	169	205
		构成比/%	100.0	41.6	58.4	14.7	16.9	17.9	17.3	15.0	18.2
合计	男	人数	2 531	1 155	1 376	550	390	339	519	359	374
		构成比/%	100.0	45.6	54.4	21.7	15.4	13.4	20.5	14.2	14.8
	女	人数	3 096	1 383	1 713	552	554	430	509	464	587
		构成比/%	100.0	44.7	55.3	17.8	17.9	13.9	16.4	15.0	19.0
	小计	人数	5 627	2 538	3 089	1 102	944	769	1 028	823	961
		构成比/%	100.0	45.1	54.9	19.6	16.8	13.7	18.3	14.6	17.1

表2-2　样本的民族分布情况

单位：人

民族	城乡	年龄			
		18～44岁	45～59岁	≥60岁	总计
汉族	城市	789	541	306	1636
	构成比/%	48.2	33.1	18.7	100.0
	农村	926	511	338	1775
	构成比/%	52.2	28.8	19.0	100.0
	小计	1715	1052	644	3411
	构成比/%	50.3	30.8	18.9	100.0
彝族	城市	107	40	42	189
	构成比/%	56.6	21.2	22.2	100.0
	农村	155	70	39	264
	构成比/%	58.7	26.5	14.8	100.0
	小计	262	110	81	453
	构成比/%	57.8	24.3	17.9	100.0
哈尼族	城市	69	17	13	99
	构成比/%	69.7	17.2	13.1	100.0
	农村	73	55	27	155
	构成比/%	47.1	35.5	17.4	100.0
	小计	142	72	40	254
	构成比/%	55.9	28.3	15.7	100.0

民族	城乡	年龄			
		18～44 岁	45～59 岁	≥60 岁	总计
白族	城市	145	51	53	249
	构成比/%	58.2	20.5	21.3	100.0
	农村	137	77	89	303
	构成比/%	45.2	25.4	29.4	100.0
	小计	282	128	142	552
	构成比/%	51.1	23.2	25.7	100.0
纳西族	城市	61	54	31	146
	构成比/%	41.8	37.0	21.2	100.0
	农村	76	86	104	266
	构成比/%	28.6	32.3	39.1	100.0
	小计	137	140	135	412
	构成比/%	33.3	34.0	32.8	100.0
其他民族	城市	158	38	23	219
	构成比/%	72.1	17.4	10.5	100.0
	农村	179	87	60	326
	构成比/%	54.9	26.7	18.4	100.0
	小计	337	125	83	545
	构成比/%	61.8	22.9	15.2	100.0

表 2-3 不同性别样本文化程度构成情况

单位：%

性别	文化程度	城乡		地区					
		城市	农村	曲靖市	普洱市	丽江市	昆明市	红河州	大理州
男	小学及以下	35.8	64.2	19.8	18.7	14.9	19.1	14.8	12.6
	初中毕业	41.8	58.2	20.9	11.8	17.8	19.7	15.1	14.8
	高中/中专毕业	51.7	48.3	23.7	14.7	10.7	20.4	12.5	18.0
	大专毕业	51.5	48.5	21.2	15.2	14.1	25.8	12.1	11.6
	本科毕业	60.1	39.9	24.8	17.8	4.7	20.8	15.1	16.8
	研究生及以上	87.0	13.0	21.7	8.7	4.3	43.5	17.4	4.3
女	小学及以下	32.1	67.9	18.0	17.2	17.5	15.6	15.0	16.7
	初中毕业	39.5	60.5	14.0	19.3	16.6	16.1	12.8	21.1
	高中/中专毕业	53.5	46.5	19.8	17.3	7.4	16.2	15.2	24.2
	大专毕业	64.0	36.0	17.1	17.4	13.6	15.9	19.4	16.7
	本科毕业	61.1	38.9	21.4	19.9	10.1	19.9	15.7	13.1
	研究生及以上	90.0	10.0	15.0	5.0	15.0	35.0	10.0	20.0

性别	文化程度	城乡		地区					
		城市	农村	曲靖市	普洱市	丽江市	昆明市	红河州	大理州
小计	小学及以下	33.6	66.4	18.7	17.8	16.5	17.0	14.9	15.1
	初中毕业	40.7	59.3	17.6	15.4	17.2	17.9	14.0	17.9
	高中/中专毕业	52.7	47.3	21.6	16.1	8.9	18.1	13.9	21.4
	大专毕业	58.6	41.4	18.9	16.4	13.8	20.2	16.2	14.5
	本科毕业	60.6	39.4	23.0	18.9	7.6	20.3	15.4	14.8
	研究生及以上	88.4	11.6	18.6	7.0	9.3	39.5	14.0	11.6

表2-4　不同民族样本文化程度构成情况

单位：%

民族	文化程度	年龄		
		18～44 岁	45～59 岁	≥60 岁
汉族	小学及以下	18.6	42.3	39.1
	初中毕业	47.7	37.0	15.3
	高中/中专毕业	72.4	19.4	8.2
	大专毕业	76.8	18.1	5.0
	本科毕业	80.1	17.5	2.4
	研究生及以上	60.7	35.7	3.6
彝族	小学及以下	10.0	35.0	55.0
	初中毕业	42.6	34.9	22.5
	高中/中专毕业	87.7	7.7	4.6
	大专毕业	74.4	11.6	14.0
	本科毕业	90.8	7.7	1.5
	研究生及以上	80.0	0.0	20.0
哈尼族	小学及以下	28.9	33.6	37.6
	初中毕业	47.8	34.4	17.8
	高中/中专毕业	85.6	11.5	2.9
	大专毕业	65.6	28.1	6.3
	本科毕业	85.1	9.5	5.4
	研究生及以上	75.0	25.0	0.0
白族	小学及以下	30.9	39.4	29.8
	初中毕业	49.1	41.5	9.4
	高中/中专毕业	83.9	8.9	7.1
	大专毕业	70.6	17.6	11.8
	本科毕业	81.8	15.2	3.0
	研究生及以上	100.0	0.0	0.0

民族	文化程度	年龄		
		18～44 岁	45～59 岁	≥60 岁
纳西族	小学及以下	5.7	41.8	52.5
	初中毕业	35.6	39.0	25.3
	高中/中专毕业	60.0	16.9	23.1
	大专毕业	91.7	8.3	0.0
	本科毕业	77.8	22.2	0.0
	研究生及以上	100.0	0.0	0.0
其他民族	小学及以下	29.4	40.1	30.5
	初中毕业	62.5	21.4	16.1
	高中/中专毕业	87.9	9.1	3.0
	大专毕业	66.7	23.8	9.5
	本科毕业	94.1	5.9	0.0
	研究生及以上	100.0	0.0	0.0

第二节　身体特征

云南省成人平均身高为 162 cm，其中，男性平均身高为 170 cm，女性平均身高为 158 cm；云南省成人平均体重和皮肤表面积分别约为 59.0 kg 和 1.6 m^2，其中男性平均体重与皮肤表面积均高于女性。从年龄分布来看，18～44 岁成人身高最高，45～59 岁成人体重最大，但皮肤表面积在不同年龄段成人间无差异。从城乡分布来看，城市地区成人身高与体重均高于农村地区，但皮肤表面积一致。从地区分布来看，昆明市和曲靖市成人身高均高于其他地区成人身高，丽江市和昆明市成人体重均高于其他地区成人体重，各地区成人皮肤表面积均为 1.6 m^2。云南省不同年龄、城乡和地区成人的身体参数见表 2-5。

表 2-5　云南省不同年龄、城乡和地区成人的身体参数

		身高/cm			体重/kg			皮肤表面积/m^2		
		男	女	小计	男	女	小计	男	女	小计
合计		170	158	162	63.0	55.0	59.0	1.7	1.5	1.6
年龄	18～44 岁	170	160	164	64.0	54.0	58.0	1.7	1.5	1.6
	45～59 岁	168	158	162	63.0	56.0	60.0	1.7	1.5	1.6
	≥60 岁	166	155	160	60.0	52.0	56.0	1.6	1.5	1.6

		身高/cm			体重/kg			皮肤表面积/m²		
		男	女	小计	男	女	小计	男	女	小计
城乡	城市	170	159	163	64.0	55.0	60.0	1.7	1.5	1.6
	农村	169	158	162	62.0	54.0	58.0	1.7	1.5	1.6
地区	曲靖市	170	158	165	60.3	53.0	58.0	1.7	1.5	1.6
	普洱市	168	157	160	63.0	55.0	58.0	1.7	1.5	1.6
	丽江市	170	160	164	64.0	55.0	60.0	1.7	1.5	1.6
	昆明市	170	160	165	65.0	55.0	60.0	1.7	1.5	1.6
	红河州	168	156	160	62.0	55.0	58.0	1.7	1.5	1.6
	大理州	170	160	162	62.0	54.0	57.0	1.7	1.5	1.6

云南省各民族成人身高表现为随年龄增大而减小，体重随年龄增大先增大后减小，皮肤表面积无显著差别。从民族分布来看，在 18～44 岁年龄段，彝族和纳西族成人身高最高，白族最低；在 45～59 岁年龄段，纳西族成人身高最高，彝族、白族和其他民族成人身高最低；≥60 岁年龄段中哈尼族成人身高明显低于其他各民族成人身高。在 18～44 岁年龄段，纳西族成人体重最高，彝族体重最低；在 45～59 岁年龄段，纳西族成人体重最高，其他民族成人体重最低；≥60 岁年龄段中汉族成人体重最高，白族成人体重最低。在 18～44 岁年龄段，纳西族成人皮肤表面积最大，在 45～59 岁年龄段，各民族成人皮肤表面积均为 1.6 m²，≥60 岁年龄段中汉族成人皮肤表面积最大。云南省各民族成人的身体参数见表 2-6。

表 2-6 云南省各民族成人的身体参数

		身高/cm			体重/kg			皮肤表面积/m²		
		18～44岁	45～59岁	≥60岁	18～44岁	45～59岁	≥60岁	18～44岁	45～59岁	≥60岁
总计	城市	165	162	162	58.0	60.0	60.0	1.6	1.6	1.6
	农村	164	160	160	58.0	60.0	55.0	1.6	1.6	1.5
	小计	164	162	160	58.0	60.0	56.0	1.6	1.6	1.6
汉族	城市	163	162	162	58.0	60.0	60.0	1.6	1.6	1.6
	农村	165	161	160	58.0	60.0	55.0	1.6	1.6	1.5
	小计	164	162	160	58.0	60.0	57.8	1.6	1.6	1.6
彝族	城市	165	164	164	57.0	57.0	57.0	1.6	1.6	1.6
	农村	163	160	158	55.0	60.0	51.0	1.6	1.6	1.5
	小计	165	160	160	56.5	60.0	55.0	1.6	1.6	1.5

		身高/cm			体重/kg			皮肤表面积/m²		
		18～44岁	45～59岁	≥60岁	18～44岁	45～59岁	≥60岁	18～44岁	45～59岁	≥60岁
哈尼族	城市	165	162	158	60.0	58.5	55.0	1.6	1.6	1.5
	农村	160	164	153	56.0	61.0	55.0	1.6	1.6	1.5
	小计	163	162	155	58.0	60.0	55.0	1.6	1.6	1.5
白族	城市	160	160	154	57.0	61.0	57.5	1.6	1.6	1.5
	农村	163	160	159	60.0	59.0	52.0	1.6	1.6	1.5
	小计	161	160	159	58.0	60.0	54.0	1.6	1.6	1.5
纳西族	城市	165	160	165	62.0	62.2	60.0	1.7	1.6	1.6
	农村	166	165	160	60.0	62.0	50.8	1.6	1.7	1.5
	小计	165	165	160	60.0	62.0	55.0	1.7	1.6	1.5
其他民族	城市	165	163	165	58.0	60.0	65.0	1.6	1.6	1.6
	农村	161	160	157	57.0	56.5	54.5	1.6	1.5	1.5
	小计	164	160	160	58.0	58.0	55.0	1.6	1.6	1.5

第三章

水环境介质相关的暴露特征

第一节　饮水摄入量

饮水暴露参数主要包括反映人体经口摄入各类水的强度、频率和持续时间。其中，饮水量（Water Intakes，IR）是最关键的暴露参数，对饮用水暴露健康风险评估具有至关重要的作用。饮水量可分为直接饮水量（Direct Water Intake）和间接饮水量（Indirect Water Intake）两类。其中，直接饮水量主要指瓶装水、自来水等不含其他物质的水；间接饮水量是通过饮食摄入的水，主要指粥、汤等食物和饮料制作过程中所加入水的量。

一、直接饮水量

云南省成人全年人均直接饮水量为 1 313 mL/d，且表现为夏季（1 500 mL/d）＞春秋季（1 250 mL/d）＞冬季（1 000 mL/d），男性和女性成人在春秋季、夏季和全年人均直接饮水量相同，男性冬季饮水量高于女性。从年龄分布来看，各年龄段成人春秋季和夏季人均直接饮水量相同，18～44 岁成人冬季和全年人均直接饮水量高于 45～59 岁和≥60 岁成人。从城乡分布来看，城市和农村地区成人春秋季、夏季和全年人均直接饮水量一致，但农村地区成人冬季人均直接饮水量高于城市地区。从地区分布来看，云南省各地区成人春秋季和夏季人均直接饮水量一致，分别为 1 250 mL/d 和 1 500 mL/d，普洱市、昆明市

和大理州成人冬季人均直接饮水量最大，普洱市和大理州成人全年人均直接饮水量最大
（表 3-1）。

表 3-1 不同年龄、城乡和地区成人的人均直接饮水量

单位：mL/d

		春秋季			夏季			冬季			全年		
		男	女	小计	男	女	小计	男	女	小计	男	女	小计
	合计	1 250	1 250	1 250	1 500	1 500	1 500	1 250	1 000	1 000	1 313	1 313	1 313
年龄	18~44 岁	1 250	1 250	1 250	1 500	1 500	1 500	1 250	1 250	1 250	1 375	1 313	1 375
	45~59 岁	1 250	1 250	1 250	1 500	1 500	1 500	1 250	1 000	1 000	1 313	1 250	1 313
	≥60 岁	1 250	1 250	1 250	1 500	1 500	1 500	1 000	1 000	1 000	1 250	1 188	1 250
城乡	城市	1 250	1 250	1 250	1 500	1 500	1 500	1 250	1 250	1 250	1 313	1 250	1 313
	农村	1 250	1 250	1 250	1 500	1 500	1 500	1 250	1225	1 250	1 375	1 313	1 313
	小计	1 250	1 250	1 250	1 500	1 500	1 500	1 250	1 000	1 000	1 313	1 313	1 313
地区	曲靖市	1 250	1 250	1 250	1 500	1 500	1 500	1 000	1 000	1 000	1 313	1 313	1 313
	普洱市	1 250	1 250	1 250	1 500	1 500	1 500	1 250	1 250	1 250	1 438	1 375	1 375
	丽江市	1 250	1 250	1 250	1 500	1 500	1 500	1 000	1 000	1 000	1 188	1 250	1 250
	昆明市	1 250	1 250	1 250	1625	1 500	1 500	1 250	1 000	1 250	1 313	1 250	1 313
	红河州	1 250	1 250	1 250	1 500	1 500	1 500	1 250	1 000	1 000	1 313	1 250	1 313
	大理州	1 250	1 250	1 250	1 500	1 500	1 500	1 250	1 000	1 250	1 438	1 313	1 375

云南省各年龄段成人春秋季、夏季和全年人均直接饮水量一致（春秋季为 1 250 mL/d，
夏季为 1 500 mL/d，全年为 1 313 mL/d），但冬季人均直接饮水量表现为农村地区 18~44
岁和 45~59 岁成人高于城市地区。从民族分布来看，在 18~44 岁年龄段，彝族成人春秋
季人均直接饮水量最大、彝族和其他民族夏季人均直接饮水量最大、纳西族冬季人均直
接饮水量最小、彝族成人全年人均直接饮水量最大。在 45~59 岁年龄段，白族成人春秋
季、冬季和全年人均直接饮水量最大、白族和其他民族成人夏季人均直接饮水量最大。
在 ≥60 岁年龄段，汉族、彝族和其他民族成人春秋季人均直接饮水量最大，哈尼族和纳西
族成人夏季人均直接饮水量最小，其他民族成人冬季人均直接饮水量最大、彝族和其他民
族成人全年人均直接饮水量最大。云南省不同年龄和民族成人的人均直接饮水量如表 3-2
所示。

表 3-2　不同年龄和民族成人的人均直接饮水量

单位：mL/d

		春秋季			夏季			冬季			全年		
		18~44岁	45~59岁	≥60岁	18~44岁	45~59岁	≥60岁	18~44岁	45~59岁	≥60岁	18~44岁	45~59岁	≥60岁
合计	城市	1 250	1 250	1 250	1 500	1 500	1 500	1 000	1 000	1 000	1 313	1 313	1 313
	农村	1 250	1 250	1 250	1 500	1 500	1 500	1 250	1 250	1 000	1 313	1 313	1 313
	小计	1 250	1 250	1 250	1 500	1 500	1 500	1 250	1 000	1 000	1 313	1 313	1 313
汉族	城市	1 250	1 250	1 250	1 500	1 500	1 500	1 000	1 000	1 000	1 313	1 250	1 250
	农村	1 250	1 250	1 250	1 500	1 500	1 500	1 250	1 250	1 250	1 313	1 313	1 297
	小计	1 250	1 250	1 250	1 500	1 500	1 500	1 125	1 000	1 000	1 313	1 313	1 250
彝族	城市	1 500	1 250	1 250	1 750	1 500	1 500	1 250	1 000	1 000	1 500	1 188	1 375
	农村	1 500	1 000	1 250	1 750	1 250	1 333	1 250	1 000	1 000	1 500	1 125	1 250
	小计	1 500	1 063	1 250	1 750	1 500	1 500	1 250	1 000	1 000	1 500	1 188	1 313
哈尼族	城市	1 250	1 250	1 000	1 500	1 500	1 250	1 000	1 125	1 000	1 250	1 375	1 172
	农村	1 250	1 417	1 000	1 500	1 500	1 250	1 250	1 250	1 000	1 313	1 469	1 188
	小计	1 250	1 250	1 000	1 500	1 500	1 250	1 250	1 250	1 000	1 313	1 438	1 188
白族	城市	1 250	1 000	1 000	1 500	1 250	1 250	1 000	1 000	1 000	1 250	1 063	1 063
	农村	1 500	2 000	1 000	1 750	2 000	1 500	1 250	1 750	1 000	1 625	1 875	1 250
	小计	1 250	2 000	1 000	1 500	1 750	1 500	1 250	1 563	1 000	1 375	1 875	1 156
纳西族	城市	1 000	1 250	1 000	1 500	1 375	1 000	1 000	1 000	750	1 188	1 250	969
	农村	1 250	1 250	1 000	1 500	1 250	1 250	1 000	1 000	1 000	1219	1 188	1 125
	小计	1 000	1 250	1 000	1 500	1 250	1 250	1 000	1 000	1 000	1 188	1 219	1 063
其他民族	城市	1 250	1 250	1 250	1 750	1 625	1 750	1 250	1 250	1 250	1 438	1 406	1 438
	农村	1 500	1 250	1 125	1 750	1 750	1 500	1 250	1 250	1 000	1 625	1 438	1 250
	小计	1 250	1 250	1 250	1 750	1 750	1 500	1 250	1 250	1 250	1 438	1 438	1 313

二、间接饮水量

云南省成人全年人均间接饮水量为 300 mL/d，且表现为夏季（600 mL/d）＞冬季（500 mL/d）＞春秋季（450 mL/d）。从年龄分布来看，春秋季 45~59 岁年龄段成人人均间接饮水量最大，≥60 岁成人最小；夏季各年龄段成人人均间接饮水量一致；冬季≥60 岁成人人均间接饮水量最大，45～59 岁年龄段成人最小；各年龄段成人全年人均间接饮水量一致。从城乡分布来看，城乡地区成人在春秋季（450 mL/d）和全年人均间接饮水量（300 mL/d）一致，农村地区成人在夏季和冬季人均间接饮水量高于城市地区。从地区分布来看，曲靖市和普洱市地区成人在春秋季人均间接饮水量最大，大理州成人在夏季和冬季人均间接饮水量最小，昆明市成人全年人均间接饮水量最大。云南省不同年龄、城乡和地区成人的人均间接饮水量如表 3-3 所示。

表 3-3　不同年龄、城乡和地区成人的人均间接饮水量

单位：mL/d

		春秋季			夏季			冬季			全年		
		男	女	小计	男	女	小计	男	女	小计	男	女	小计
合计		500	300	450	600	600	600	500	450	500	300	300	300
年龄	18～44 岁	600	300	450	600	500	600	600	450	500	300	300	300
	45～59 岁	600	450	600	450	600	600	450	300	450	300	300	300
	≥60 岁	300	450	300	600	600	600	600	600	600	300	300	300
城乡	城市	600	300	450	600	450	500	450	450	450	300	300	300
	农村	450	450	450	600	600	600	600	450	550	300	300	300
地区	曲靖市	600	300	600	600	450	600	500	300	450	300	300	300
	普洱市	600	600	600	600	600	600	600	600	600	300	300	300
	丽江市	300	600	300	330	600	600	300	600	550	300	300	300
	昆明市	450	315	450	600	600	600	600	600	600	375	375	375
	红河州	550	300	300	600	600	600	600	600	600	300	300	300
	大理州	315	300	300	375	300	300	300	300	300	300	300	300

云南省各民族不同年龄段成人全年人均间接饮水量一致，约为 300 mL/d，同一年龄段成人在春秋季人均间接饮水量一致；各年龄阶段成人在夏季和全年人均间接饮水量一致；45～59 岁年龄段成人在春秋季与夏季人均间接饮水量最大，≥60 岁年龄段成人最小。城市与农村地区不同年龄阶段成人春秋季人均间接饮水量一致；农村地区 18～44 岁和 45～59 岁年龄段成人在夏季人均间接饮水量高于城市地区同年龄段成人；城市地区 18～44 岁年龄段成人冬季人均间接饮水量高于同年龄段农村地区成人；城市地区 45～59 岁和 ≥60 岁年龄段成人冬季人均间接饮水量低于农村地区同年龄段成人；城乡地区成人各年龄段成人全年人均间接饮水量一致（300 mL/d）。从民族分布来看，18～44 岁年龄段中纳西族和其他民族成人在春秋季人均间接饮水量最大，彝族成人在夏季人均间接饮水量最小，哈尼族

和白族成人在冬季人均间接饮水量最大。45～59 岁年龄段中汉族成人在春秋季人均间接饮水量最大，彝族和其他民族成人在夏季人均间接饮水量最小，白族和纳西族成人在冬季人均间接饮水量最大。≥60 岁年龄段中纳西族成人在春秋季人均间接饮水量最大，彝族成人在夏季和冬季人均间接饮水量最小。云南省不同年龄和民族成人的人均间接饮水量如表 3-4 所示。

表 3-4　不同年龄和民族成人的人均间接饮水量

单位：mL/d

		春秋季			夏季			冬季			全年		
		18～44岁	45～59岁	≥60岁	18～44岁	45～59岁	≥60岁	18～44岁	45～59岁	≥60岁	18～44岁	45～59岁	≥60岁
合计	城市	450	600	300	500	400	600	525	300	450	300	300	300
	农村	450	600	300	600	600	600	500	450	600	300	300	300
	小计	450	600	300	600	600	600	500	450	600	300	300	300
汉族	城市	500	600	300	600	400	600	600	300	600	300	300	300
	农村	300	600	490	600	600	600	475	450	600	300	300	300
	小计	450	600	300	600	600	600	500	300	600	300	300	300
彝族	城市	500	375	525	300	450	300	300	300	300	345	300	300
	农村	300	300	300	300	300	600	300	300	500	300	300	300
	小计	450	300	300	300	300	300	300	300	300	300	300	300
哈尼族	城市	300	300	500	600	300	600	600	300	600	300	300	300
	农村	300	600	300	600	600	600	550	450	600	300	375	300
	小计	300	525	300	600	450	600	600	450	600	300	300	300
白族	城市	300	600	300	525	600	600	600	600	600	300	300	338
	农村	600	300	375	375	600	600	300	600	600	300	300	450
	小计	450	300	300	450	600	600	600	600	600	300	300	413
纳西族	城市	300	300	300	300	450	550	300	300	500	300	300	300
	农村	600	300	600	600	600	405	600	600	405	300	300	300
	小计	600	300	600	525	600	475	300	600	450	300	300	300
其他民族	城市	450	300	375	300	450	600	300	600	525	300	300	375
	农村	600	600	300	600	300	600	300	300	600	300	300	300
	小计	600	450	300	525	300	600	500	450	600	300	300	300

三、全年总饮水量

云南省成人全年人均总饮水量为 1 650 mL/d，其中男性饮水量为 1 700 mL/d，女性饮水量为 1 613 mL/d。从年龄分布来看，随着年龄段增大，云南省成人全年人均总饮水量逐渐减小；从城乡分布来看，农村地区成人全年人均总饮水量高于城市地区；从地区分布来看，普洱市成人全年人均总饮水量最高，丽江市最低。云南省不同年龄、城乡和地区成人的全年人均总饮水量如表 3-5 所示。

表 3-5　不同年龄、城乡和地区成人的全年人均总饮水量

单位：mL/d

		总饮水量		
		男	女	小计
合计		1 700	1 613	1 650
年龄	18～44 岁	1 750	1 671	1 700
	45～59 岁	1 688	1 563	1 613
	≥60 岁	1 575	1 525	1 550
城乡	城市	1 663	1 563	1 613
	农村	1 738	1 638	1 675
地区	曲靖市	1 663	1 594	1 638
	普洱市	1 775	1 694	1 738
	丽江市	1 550	1 556	1 550
	昆明市	1 688	1 600	1 650
	红河州	1 688	1 538	1 588
	大理州	1 738	1 650	1 681

云南省各民族成人全年人均总饮水量表现为城乡地区成人均随着年龄段增大，全年人均总饮水量降低。从民族分布来看，其他民族 18～44 岁成人全年人均总饮水量最大，白族 45～59 岁成人全年人均总饮水量最大，彝族≥60 岁成人全年人均总饮水量最大。云南省不同年龄和民族成人的全年人均总饮水量如表 3-6 所示。

表 3-6　不同年龄和民族成人的全年人均总饮水量

单位：mL/d

		全年人均总饮水量		
		18～44 岁	45～59 岁	≥60 岁
合计	城市	1 663	1 575	1 550
	农村	1 738	1 650	1 550
	小计	1 700	1 613	1 550
汉族	城市	1 650	1 555	1 556
	农村	1 688	1 625	1 594
	小计	1 675	1 600	1 574

		全年人均总饮水量		
		18～44 岁	45～59 岁	≥60 岁
彝族	城市	1 800	1 488	1 650
	农村	1 863	1 325	1 550
	小计	1 822	1 356	1 606
哈尼族	城市	1 650	1 669	1 375
	农村	1 663	1 850	1 488
	小计	1 656	1 781	1 450
白族	城市	1 394	1 813	1 338
	农村	1 813	2 425	1 550
	小计	1 731	2 147	1 456
纳西族	城市	1 475	1 500	1 269
	农村	1 656	1 400	1 506
	小计	1 575	1 466	1 411
其他民族	城市	1 738	1 638	1 738
	农村	1 963	1 800	1 469
	小计	1 825	1 738	1 563

第二节　水暴露类型

本调查将水暴露类型划分为安全饮水类型和不安全饮水类型，其中安全饮水类型指饮用自来水、桶/瓶装水；不安全饮水类型指其他水源（如井水、泉水、地表水等）。

一、饮水特征

云南省成人不安全饮水占比为 12.5%，其中女性不安全饮水占比高于男性。从年龄分布来看，随着年龄段增大，安全饮水占比减小，不安全饮水占比增大。从城乡分布来看，城市地区成人安全饮水占比高于农村地区。从地区分布来看，昆明市成人安全饮水占比最大，普洱市成人不安全饮水占比最大。云南省不同年龄、城乡和地区成人安全/不安全饮水构成情况如表 3-7 所示。

表 3-7　不同年龄、城乡和地区成人安全/不安全饮水构成情况

单位：%

		安全饮水			不安全饮水		
		男	女	小计	男	女	小计
合计		39.6	47.9	87.5	5.4	7.1	12.5
年龄	18~44 岁	38.2	50.2	88.3	4.8	6.9	11.7
	45~59 岁	41.8	45.9	87.7	5.8	6.5	12.3
	≥60 岁	39.9	45.1	85.0	6.5	8.5	15.0
城乡	城市	40.4	47.2	87.7	5.1	7.2	12.3
	农村	38.8	48.5	87.3	5.7	7.0	12.7
地区	曲靖市	43.7	41.9	85.7	6.2	8.2	14.3
	普洱市	34.2	50.8	85.1	7.1	7.8	14.9
	丽江市	37.8	48.8	86.6	6.2	7.2	13.4
	昆明市	47.4	47.0	94.4	3.1	2.5	5.6
	红河州	38.8	48.0	86.8	4.9	8.4	13.2
	大理州	33.7	52.2	86.0	5.2	8.8	14.0

　　云南省各民族成人安全/不安全饮水占比均表现为随着年龄段增大而减小，城市地区 18~44 岁和 45~59 岁成人安全饮水占比高于农村地区，45~59 岁和≥60 岁农村地区成人不安全饮水占比高于城市地区。从民族分布来看，18~44 岁年龄段其他民族成人安全饮水占比最大，哈尼族成人不安全饮水占比最高。45~59 岁和≥60 岁年龄段中纳西族成人安全/不安全饮水均占比最高。云南省不同年龄、城乡和民族成人安全/不安全饮水构成情况如表 3-8 所示。

表 3-8　不同年龄、城乡和民族成人安全/不安全饮水构成情况

单位：%

		安全饮水			不安全饮水		
		18~44 岁	45~59 岁	≥60 岁	18~44 岁	45~59 岁	≥60 岁
合计	城市	45.9	25.7	16.1	6.5	3.5	2.3
	农村	44.5	25.1	17.7	5.5	3.6	3.6
	小计	45.1	25.4	17.0	6.0	3.6	3.0
汉族	城市	42.7	28.9	16.1	5.6	4.2	2.6
	农村	46.9	25.8	16.4	5.2	3.0	2.6
	小计	44.9	27.3	16.2	5.4	3.5	2.6

		安全饮水			不安全饮水		
		18~44 岁	45~59 岁	≥60 岁	18~44 岁	45~59 岁	≥60 岁
彝族	城市	50.6	18.5	19.7	7.6	2.0	1.6
	农村	38.6	22.1	23.4	6.6	3.3	5.9
	小计	44.0	20.5	21.7	7.1	2.7	4.0
哈尼族	城市	49.2	19.0	20.1	7.4	2.1	2.1
	农村	50.8	23.5	10.6	8.0	3.0	4.2
	小计	50.1	21.6	14.6	7.7	2.6	3.3
白族	城市	63.6	15.2	10.1	6.1	2.0	3.0
	农村	40.0	29.7	16.8	7.1	5.8	0.6
	小计	49.2	24.0	14.2	6.7	4.3	1.6
纳西族	城市	34.9	32.9	20.5	6.8	4.1	0.7
	农村	24.8	27.1	32.0	3.8	5.3	7.1
	小计	28.4	29.1	27.9	4.9	4.9	4.9
其他民族	城市	60.7	15.5	8.7	11.4	1.8	1.8
	农村	50.3	21.5	14.1	4.6	5.2	4.3
	小计	54.5	19.1	11.9	7.3	3.9	3.3

　　云南省成人饮水类型以自来水、瓶/桶装水、井水、泉水、地表水为主，总占比超过 98%，在此仅呈现 5 种饮水类型占比。云南省成人饮水类型按占比进行排序为瓶/桶装水（55.1%）＞自来水（32.4%）＞泉水（6.7%）＞井水（5.3%）＞地表水（0.5%）。从年龄分布来看，18~44 岁成人饮用瓶/桶装水占比高于其他年龄段，45~59 岁成人饮用地表水占比高于其他年龄段，≥60 岁成人饮用自来水、井水和泉水占比高于其他年龄段。从城乡分布来看，城市地区成人饮用瓶/桶装水占比高于农村地区，而饮用自来水、井水、泉水和地表水占比低于农村地区。从地区分布来看，丽江市成人饮用自来水占比最大，昆明市成人饮用瓶/桶装水占比最大，大理州成人饮用井水占比最大，普洱市成人饮用泉水和地表水占比最大。云南省不同年龄、城乡和地区成人饮水构成情况见表 3-9 和表 3-10。

表 3-9　不同年龄、城乡和地区成人饮用自来水和瓶/桶装水构成情况

单位：%

		自来水			瓶/桶装水		
		男	女	小计	男	女	小计
合计		14.6	17.8	32.4	24.9	30.1	55.1
年龄	18~44 岁	13.6	18.2	31.9	24.5	32.0	56.5
	45~59 岁	15.4	16.5	31.9	26.4	29.4	55.8
	≥60 岁	16.1	18.6	34.7	23.8	26.5	50.3

		自来水			瓶/桶装水		
		男	女	小计	男	女	小计
城乡	城市	14.5	17.6	32.1	25.9	29.7	55.6
	农村	14.7	18.0	32.7	24.2	30.5	54.6
地区	曲靖市	16.9	17.8	34.7	26.9	24.1	51.0
	普洱市	12.9	19.7	32.6	21.3	31.1	52.4
	丽江市	16.3	21.6	37.8	21.6	27.2	48.8
	昆明市	12.1	8.7	20.7	35.3	38.3	73.6
	红河州	16.6	20.0	36.7	22.1	27.9	50.1
	大理州	13.4	20.8	34.2	20.3	31.4	51.7

表 3-10　不同年龄、城乡和地区成人饮用井水、泉水和地表水构成情况

单位：%

		井水			泉水			地表水		
		男	女	小计	男	女	小计	男	女	小计
合计		2.3	3.0	5.3	2.9	3.9	6.7	0.2	0.3	0.5
年龄	18～44 岁	2.2	2.6	4.8	2.4	3.9	6.4	0.1	0.3	0.5
	45～59 岁	2.3	2.9	5.2	3.2	3.3	6.5	0.3	0.3	0.6
	≥60 岁	2.6	3.9	6.5	3.5	4.5	8.0	0.4	0.1	0.5
城乡	城市	2.3	2.9	5.2	2.6	4.1	6.7	0.2	0.2	0.4
	农村	2.3	3.0	5.3	3.1	3.7	6.8	0.3	0.3	0.6
地区	曲靖市	2.5	3.6	6.1	3.4	4.2	7.6	0.3	0.4	0.6
	普洱市	3.4	3.0	6.4	3.3	4.6	7.8	0.3	0.3	0.7
	丽江市	2.3	3.0	5.3	3.8	3.8	7.5	0.1	0.4	0.5
	昆明市	1.2	0.8	1.9	1.8	1.8	3.6	0.1	0.1	0.1
	红河州	1.6	3.5	5.1	2.8	4.7	7.5	0.5	0.1	0.6
	大理州	2.9	4.0	6.9	2.2	4.5	6.7	0.1	0.4	0.5

　　云南省各民族成人均以自来水和瓶/桶装水为主要饮水类型，除饮水类型为地表水以外，其余饮水类型占比均随年龄段增大而减小。从民族分布来看，在 18～44 岁年龄段，白族成人饮用自来水占比最大，其他民族成人饮用瓶/桶装水和井水占比最大，哈尼族成人饮用泉水占比最大，彝族和白族成人饮用地表水占比最大。在 45～59 岁年龄段，纳西族成人饮用自来水和泉水占比最大，白族成人饮用瓶/桶装水占比最大，白族成人饮用井水占比最大，白族和其他民族成人饮用地表水占比最大。在 ≥60 岁年龄段，纳西族成人饮用自来水、瓶/桶装水、井水和泉水占比均高于其余各民族。云南省不同年龄和民族成人饮用水

构成情况见表 3-11 和表 3-12。

表 3-11　不同年龄和民族成人饮用自来水和瓶/桶装水构成情况

单位：%

		自来水			瓶/桶装水		
		18～44 岁	45～59 岁	≥60 岁	18～44 岁	45～59 岁	≥60 岁
合计	城市	16.1	9.1	6.9	29.7	16.6	9.2
	农村	16.4	9.4	6.9	28.1	15.7	10.8
	小计	16.3	9.2	6.9	28.9	16.1	10.1
汉族	城市	15.5	10.3	7.5	27.2	18.6	8.6
	农村	16.1	9.0	5.8	30.9	16.8	10.6
	小计	15.8	9.6	6.6	29.1	17.7	9.6
彝族	城市	15.7	5.2	6.4	34.9	13.3	13.3
	农村	14.5	7.9	9.9	24.1	14.2	13.5
	小计	15.0	6.7	8.3	29.0	13.8	13.4
哈尼族	城市	19.6	4.2	7.4	29.6	14.8	12.7
	农村	18.2	9.5	6.1	32.6	14.0	4.5
	小计	18.8	7.3	6.6	31.3	14.3	7.9
白族	城市	30.3	3.0	7.1	33.3	12.1	3.0
	农村	20.6	9.7	6.5	19.4	20.0	10.3
	小计	24.4	7.1	6.7	24.8	16.9	7.5
纳西族	城市	12.3	18.5	8.2	22.6	14.4	12.3
	农村	12.8	12.0	15.0	12.0	15.0	16.9
	小计	12.6	14.3	12.6	15.8	14.8	15.3
其他民族	城市	14.6	5.0	2.3	46.1	10.5	6.4
	农村	19.6	10.1	4.6	30.7	11.3	9.5
	小计	17.6	8.1	3.7	36.9	11.0	8.3

表 3-12　不同年龄和民族成人饮用井水、泉水、地表水构成情况

单位：%

		井水			泉水			地表水		
		18～44 岁	45～59 岁	≥60 岁	18～44 岁	45～59 岁	≥60 岁	18～44 岁	45～59 岁	≥60 岁
合计	城市	2.8	1.5	1.0	3.5	1.9	1.3	0.2	0.2	0.0
	农村	2.2	1.5	1.6	3.0	1.9	1.8	0.2	0.2	0.2
	小计	2.5	1.5	1.3	3.3	1.9	1.6	0.2	0.2	0.1

		井水			泉水			地表水		
		18~44岁	45~59岁	≥60岁	18~44岁	45~59岁	≥60岁	18~44岁	45~59岁	≥60岁
汉族	城市	2.3	1.9	1.2	3.1	2.0	1.5	0.2	0.2	0.0
	农村	2.3	1.0	1.2	2.8	1.9	1.2	0.2	0.1	0.2
	小计	2.3	1.4	1.2	2.9	1.9	1.3	0.2	0.2	0.1
彝族	城市	2.8	1.2	0.4	4.4	0.8	0.8	0.4	0.0	0.4
	农村	2.6	2.3	2.6	3.6	1.0	3.3	0.3	0.0	0.0
	小计	2.7	1.8	1.6	4.0	0.9	2.2	0.4	0.0	0.2
哈尼族	城市	3.7	0.0	0.5	3.7	2.1	1.6	0.0	0.0	0.0
	农村	3.0	1.5	1.9	4.5	1.1	2.3	0.4	0.0	0.0
	小计	3.3	0.9	1.3	4.2	1.5	2.0	0.2	0.2	0.0
白族	城市	2.0	0.0	3.0	4.0	2.0	0.0	0.0	0.0	0.0
	农村	2.6	3.2	0.0	3.9	1.9	0.6	0.6	0.6	0.0
	小计	2.4	2.0	1.2	3.9	2.0	0.4	0.4	0.4	0.0
纳西族	城市	2.1	0.7	0.0	4.1	3.4	0.7	0.7	0.0	0.0
	农村	1.1	2.3	3.4	2.6	3.0	3.8	0.0	0.0	0.0
	小计	1.5	1.7	2.2	3.2	3.2	2.7	0.2	0.0	0.0
其他民族	城市	6.4	1.4	0.5	4.6	0.5	1.4	0.5	0.0	0.0
	农村	1.8	1.8	1.5	2.8	2.8	2.5	0.0	0.6	0.3
	小计	3.7	1.7	1.1	3.5	1.8	2.0	0.2	0.4	0.2

二、用水特征

云南省成人主要用水类型是自来水，其次是井水和泉水，少部分为地表水。从年龄分布来看，18~44 岁成人用水类型为自来水占比最大，45~59 岁成人用水类型为井水占比最大，≥60 岁成人用水类型为泉水和地表水占比最大。从城乡分布来看，城市地区成人用水类型为自来水占比高于农村地区。从地区分布来看，昆明市成人用水类型为自来水占比最大，曲靖市和丽江市成人用水类型为井水占比最大，普洱市成人用水类型为泉水占比最大，红河州成人用水类型为地表水占比最大。云南省不同年龄、城乡和地区成人用水类型构成情况如表 3-13 所示。

表 3-13　不同年龄、城乡和地区成人用水类型构成情况

单位：%

		自来水			井水			泉水			地表水		
		男	女	小计	男	女	小计	男	女	小计	男	女	小计
合计		38.8	47.3	86.1	3.3	4.3	7.6	2.4	2.9	5.3	0.5	0.5	0.9
年龄	18～44 岁	37.6	48.9	86.5	3.1	4.2	7.3	2.0	3.3	5.3	0.3	0.6	0.9
	45～59 岁	40.4	45.2	85.6	4.3	4.4	8.7	2.5	2.3	4.7	0.4	0.6	0.9
	≥60 岁	39.6	46.3	86.0	2.6	4.4	6.9	3.2	2.9	6.1	1.0	0.0	1.0
城乡	城市	40.0	46.5	86.5	3.2	4.4	7.6	2.0	3.1	5.2	0.2	0.5	0.7
	农村	37.9	47.9	85.8	3.4	4.3	7.7	2.6	2.8	5.4	0.6	0.5	1.1
地区	曲靖市	43.2	41.3	84.5	3.6	5.5	9.2	2.7	2.9	5.6	0.4	0.4	0.7
	普洱市	33.2	50.6	83.8	3.9	4.0	7.9	3.3	3.7	7.0	1.0	0.3	1.3
	丽江市	35.9	47.3	83.2	4.7	4.6	9.2	3.4	3.4	6.8	0.1	0.7	0.8
	昆明市	47.6	47.7	95.2	1.6	1.0	2.5	1.1	0.8	1.8	0.3	0.1	0.4
	红河州	38.2	46.5	84.7	3.0	5.6	8.6	1.7	3.3	5.0	0.7	1.0	1.7
	大理州	33.0	51.1	84.1	3.4	5.5	8.9	2.2	3.9	6.0	0.3	0.6	0.9

　　云南省各年龄段的城乡居民用水均以自来水为主。从民族分布来看，在 18～44 岁年龄段，其他民族成人用水类型为自来水占比最大，哈尼族成人用水类型为井水和泉水占比最大，白族成人用水类型为地表水占比最大。在 45～59 岁年龄段，纳西族成人用水类型为自来水占比最大，纳西族和彝族成人用水类型为井水占比最大，白族成人用水类型为泉水占比最大，哈尼族成人用水类型为地表水占比最大。在≥60 岁年龄段，纳西族成人用水类型为自来水、井水和泉水占比最大，白族成人用水类型为地表水占比最大。云南省不同年龄和民族成人用水类型构成情况如表 3-14 和表 3-15 所示。

表 3-14　不同年龄和民族成人用水类型为自来水和井水的构成情况

单位：%

		自来水			井水		
		18～44 岁	45～59 岁	≥60 岁	18～44 岁	45～59 岁	≥60 岁
合计	城市	45.3	25.3	15.9	3.9	2.4	1.3
	农村	43.3	24.3	18.2	3.6	2.6	1.5
	小计	44.2	24.8	17.2	3.7	2.5	1.4
汉族	城市	42.1	28.4	16.1	3.2	2.9	1.5
	农村	45.2	25.4	16.6	3.8	2.1	1.4
	小计	43.7	26.9	16.4	3.5	2.5	1.4

		自来水			井水		
		18～44 岁	45～59 岁	≥60 岁	18～44 岁	45～59 岁	≥60 岁
彝族	城市	51.0	17.3	18.1	3.6	1.6	1.2
	农村	38.3	19.1	25.1	4.6	5.3	2.0
	小计	44.0	18.3	21.9	4.2	3.6	1.6
哈尼族	城市	46.0	19.6	20.1	6.9	0.5	0.5
	农村	50.4	22.7	12.9	3.4	1.5	0.4
	小计	48.6	21.4	15.9	4.9	1.1	0.4
白族	城市	60.6	15.2	11.1	7.1	0.0	2.0
	农村	40.0	27.1	14.2	2.6	3.9	0.6
	小计	48.0	22.4	13.0	4.3	2.4	1.2
纳西族	城市	32.2	32.9	19.2	5.5	2.7	0.7
	农村	24.4	25.6	32.7	1.9	4.1	3.8
	小计	27.2	28.2	27.9	3.2	3.6	2.7
其他民族	城市	64.4	15.5	8.7	4.6	1.8	0.0
	农村	48.5	22.1	15.0	3.4	2.1	1.2
	小计	54.9	19.4	12.5	3.9	2.0	0.7

表 3-15　不同年龄和民族成人用水类型为泉水和地表水的构成情况

单位：%

		泉水			地表水		
		18～44 岁	45～59 岁	≥60 岁	18～44 岁	45～59 岁	≥60 岁
合计	城市	0.4	0.2	0.2	2.8	1.3	1.1
	农村	0.6	0.3	0.2	2.7	1.4	1.3
	小计	0.5	0.3	0.2	2.7	1.4	1.2
汉族	城市	2.6	1.4	1.0	0.4	0.3	0.1
	农村	2.5	1.1	0.8	0.7	0.2	0.2
	小计	2.6	1.3	0.9	0.5	0.2	0.1
彝族	城市	3.6	1.6	1.2	0.0	0.0	0.8
	农村	1.7	1.0	2.3	0.7	0.0	0.0
	小计	2.5	1.3	1.8	0.4	0.0	0.4
哈尼族	城市	3.2	1.1	1.6	0.5	0.0	0.0
	农村	4.5	1.1	1.5	0.4	1.1	0.0
	小计	4.0	1.1	1.5	0.4	0.7	0.0
白族	城市	2.0	2.0	0.0	0.0	0.0	0.0
	农村	3.2	3.9	1.3	1.3	0.6	1.3
	小计	2.8	3.1	0.8	0.8	0.4	0.8

		泉水			地表水		
		18~44岁	45~59岁	≥60岁	18~44岁	45~59岁	≥60岁
纳西族	城市	3.4	1.4	0.7	0.7	0.0	0.7
	农村	1.9	2.6	2.6	0.4	0.0	0.0
	小计	2.4	2.2	1.9	0.5	0.0	0.2
其他民族	城市	2.7	0.0	1.8	0.5	0.0	0.0
	农村	3.1	1.5	1.8	0.0	0.9	0.3
	小计	2.9	0.9	1.8	0.2	0.6	0.2

三、洗澡特征

云南省成人洗澡场所以家/公共浴室为主，洗澡方式以家/公共浴室-淋浴为主。从年龄分布来看，洗澡场所与方式和年龄分布无显著差异。从城乡分布来看，城市地区成人在家/公共浴室-盆浴洗澡占比较高。从地区分布来看，昆明市成人在家/公共浴室-盆浴占比最大，普洱市成人在家/公共浴室-淋浴占比最大，红河州成人在江/河/湖/水库水洗澡占比最大，大理州成人在其他地点洗澡占比最大。云南省不同年龄、城乡和地区成人洗澡场所构成情况如表3-16所示。

表3-16　不同年龄、城乡和地区成人洗澡场所构成情况

单位：%

		家/公共浴室-盆浴			家/公共浴室-淋浴			江/河/湖/水库水			其他		
		男	女	小计	男	女	小计	男	女	小计	男	女	小计
	合计	8.0	9.6	17.6	35.2	43.9	79.1	1.7	1.5	3.2	0.1	0.0	0.1
年龄	18~44岁	7.9	9.8	17.7	33.3	45.8	79.1	1.8	1.4	3.2	0.0	0.0	0.0
	45~59岁	8.3	9.4	17.7	37.4	41.6	79.0	1.8	1.4	3.2	0.1	0.0	0.1
	≥60岁	7.9	9.2	17.2	36.9	42.4	79.3	1.4	2.0	3.4	0.2	0.0	0.2
城乡	城市	9.2	10.4	19.7	34.8	42.5	77.3	1.4	1.5	3.0	0.0	0.0	0.0
	农村	7.1	8.8	15.9	35.5	45.1	80.5	1.9	1.5	3.5	0.1	0.0	0.1
地区	曲靖市	9.4	8.5	18.0	38.6	40.0	78.6	1.9	1.5	3.4	0.0	0.0	0.0
	普洱市	7.5	8.8	16.3	32.7	47.7	80.4	1.1	2.2	3.3	0.0	0.0	0.0
	丽江市	7.0	8.7	15.7	35.1	44.7	79.8	1.8	2.5	4.3	0.0	0.1	0.1
	昆明市	9.2	9.6	18.9	39.9	39.8	79.7	1.3	0.1	1.4	0.0	0.1	0.1
	红河州	7.3	11.1	18.3	33.3	43.9	77.2	3.0	1.5	4.5	0.0	0.0	0.0
	大理州	7.1	10.8	17.9	30.4	48.5	78.9	1.4	1.7	3.0	0.1	0.1	0.2

云南省各民族不同年龄段成人洗澡以家/公共浴室-淋浴为主。从民族分布来看,在18～44岁年龄段,其他民族成人洗澡方式以家/公共浴室-盆浴和家/公共浴室-淋浴及江/河/湖/水库水占比最大。在45～59岁年龄段,汉族成人洗澡以家/公共浴室-盆浴占比最大,纳西族成人洗澡以家/公共浴室-淋浴占比最大,彝族和其他民族成人以江/河/湖/水库水洗澡占比最大。在≥60岁年龄段,纳西族成人洗澡以家/公共浴室-盆浴、家/公共浴室-淋浴和江/河/湖/水库水占比最大。云南省不同年龄和民族成人洗澡场所构成情况如表3-17所示。

表3-17　不同年龄和民族成人洗澡场所构成情况

单位:%

		家/公共浴室-盆浴			家/公共浴室-淋浴			江/河/湖/水库水			其他		
		18～44岁	45～59岁	≥60岁	18～44岁	45～59岁	≥60岁	18～44岁	45～59岁	≥60岁	18～44岁	45～59岁	≥60岁
合计	城市	10.0	6.1	3.5	40.7	22.4	14.2	1.6	0.7	0.7	0.0	0.0	0.0
	农村	8.3	4.3	3.3	40.1	23.2	17.2	1.7	1.1	0.7	0.0	0.0	0.0
	小计	9.0	5.1	3.4	40.4	22.9	15.9	1.6	0.9	0.7	0.0	0.0	0.0
汉族	城市	9.0	7.6	3.4	38.1	24.7	14.5	1.2	0.8	0.8	0.0	0.0	0.0
	农村	7.7	4.1	2.9	42.6	23.8	15.5	1.8	0.8	0.6	0.1	0.1	0.0
	小计	8.3	5.8	3.1	40.5	24.2	15.1	1.5	0.8	0.7	0.0	0.0	0.0
彝族	城市	12.4	4.0	3.6	44.2	15.3	16.9	1.6	1.2	0.8	0.0	0.0	0.0
	农村	9.9	6.3	5.9	35.0	17.8	22.1	0.3	1.3	1.0	0.0	0.0	0.3
	小计	11.1	5.3	4.9	39.1	16.7	19.7	0.9	1.3	0.9	0.0	0.0	0.2
哈尼族	城市	10.6	2.6	4.2	43.4	18.0	17.5	2.6	0.5	0.0	0.0	0.0	0.5
	农村	11.4	1.9	3.4	45.8	23.5	10.6	1.5	1.1	0.8	0.0	0.0	0.0
	小计	11.0	2.2	3.8	44.8	21.2	13.5	2.0	0.9	0.4	0.0	0.0	0.2
白族	城市	14.1	2.0	5.1	52.5	15.2	8.1	3.0	0.0	0.0	0.0	0.0	0.0
	农村	7.1	5.8	2.6	38.1	28.4	14.8	1.9	1.3	0.0	0.0	0.0	0.0
	小计	9.8	4.3	3.5	43.7	23.2	12.2	2.4	0.8	0.0	0.0	0.0	0.0
纳西族	城市	8.2	2.7	5.5	31.5	34.2	14.4	2.1	0.0	1.4	0.0	0.0	0.0
	农村	5.6	3.8	6.4	22.9	26.7	31.6	0.0	1.9	1.1	0.0	0.0	0.0
	小计	6.6	3.4	6.1	26.0	29.4	25.5	0.7	1.2	1.2	0.0	0.0	0.0
其他民族	城市	13.7	4.6	2.3	55.3	12.8	8.2	3.2	0.0	0.0	0.0	0.0	0.0
	农村	10.1	5.2	1.2	41.4	19.3	16.6	3.4	2.1	0.6	0.0	0.0	0.0
	小计	11.6	5.0	1.7	47.0	16.7	13.2	3.3	1.3	0.4	0.0	0.0	0.0

四、游泳特征

云南省成人游泳占比为 9.2%。从年龄分布来看，45～59 岁成人游泳占比最大，≥60 岁游泳占比最小。从城乡分布来看，城市地区成人游泳占比高于农村地区。从地区分布来看，昆明市成人游泳占比最大，丽江市成人游泳占比最小。云南省不同年龄、城乡和地区成人游泳人数构成情况如表 3-18 所示。

表 3-18   不同年龄、城乡和地区成人游泳人数构成情况

单位：%

		不游泳人数占比			游泳人数占比		
		男	女	小计	男	女	小计
合计		40.7	50.2	90.8	4.3	4.9	9.2
年龄	18～44 岁	38.5	52.1	90.6	4.5	4.9	9.4
	45～59 岁	43	47	89.9	4.6	5.5	10.1
	≥60 岁	43	49.7	92.7	3.4	3.9	7.3
城乡	城市	41.3	49.0	90.2	4.3	5.5	9.8
	农村	40.2	51.1	91.4	4.3	4.3	8.6
	小计	40.7	50.2	90.8	4.3	4.9	9.2
地区	曲靖市	45.1	45.8	90.9	4.8	4.3	9.1
	普洱市	37.2	53.2	90.4	4.1	5.5	9.6
	丽江市	41.4	51.4	92.7	2.7	4.6	7.3
	昆明市	44.4	44.9	89.3	6.1	4.6	10.7
	红河州	39.4	51.8	91.1	4.3	4.6	8.9
	大理州	35.8	55.4	91.2	3.1	5.7	8.8

云南省各民族成人游泳占比均随年龄段增大而减小，其中城市地区 45～59 岁成人游泳占比显著高于农村地区。从民族分布来看，在 18～44 岁年龄段，其他民族成人游泳占比最大。在 45～59 岁年龄段，白族成人游泳占比最大。在 ≥60 岁年龄段，纳西族成人游泳占比最大。云南省不同年龄和民族成人游泳人数构成情况见表 3-19。

表 3-19 不同年龄和民族成人游泳人数构成情况

单位：%

		不游泳人数占比			游泳人数占比		
		18～44 岁	45～59 岁	≥60 岁	18～44 岁	45～59 岁	≥60 岁
合计	城市	47.6	25.8	16.9	4.8	3.4	1.6
	农村	45.3	26.2	19.9	4.8	2.5	1.4
	小计	46.3	26.0	18.5	4.8	2.9	1.5
汉族	城市	43.9	29.5	17.2	4.3	3.5	1.5
	农村	46.9	26.4	17.8	5.2	2.4	1.2
	小计	45.5	27.9	17.5	4.8	2.9	1.4
彝族	城市	52.6	17.3	20.1	5.6	3.2	1.2
	农村	41.3	23.4	27.7	4.0	2.0	1.7
	小计	46.4	20.7	24.3	4.7	2.5	1.4
哈尼族	城市	51.9	16.9	21.2	4.8	4.2	1.1
	农村	51.9	23.9	13.6	6.8	2.7	1.1
	小计	51.9	21.0	16.8	6.0	3.3	1.1
白族	城市	66.7	13.1	11.1	3.0	4.0	2.0
	农村	43.9	32.3	16.8	3.2	3.2	0.6
	小计	52.8	24.8	14.6	3.1	3.5	1.2
纳西族	城市	39.0	34.2	16.4	2.7	2.7	4.8
	农村	26.3	29.3	36.5	2.3	3.0	2.6
	小计	30.8	31.1	29.4	2.4	2.9	3.4
其他民族	城市	63.0	15.1	10.0	9.1	2.3	0.5
	农村	50.6	23.9	17.2	4.3	2.8	1.2
	小计	55.6	20.4	14.3	6.2	2.6	0.9

云南省不同民族各年龄段成人游泳皆以在公共游泳池为主，其次为河流、池塘等场所。从年龄分布来看，45～59 岁成人在各场所游泳占比均最大。从城乡分布来看，城市地区成人在公共游泳池和河流、池塘等场所游泳占比均大于农村地区。从地区分布来看，昆明市成人游泳场所为公共游泳池的占比最大，大理州和普洱市成人游泳场所为河流、池塘等占比最大，普洱市成人在其他场所游泳占比最大。云南省不同年龄、城乡和地区成人游泳场所类型构成情况如表 3-20 所示。

表 3-20   不同年龄、城乡和地区成人游泳场所类型构成情况

单位：%

		公共游泳池			河流、池塘等			其他		
		男	女	小计	男	女	小计	男	女	小计
	合计	3.4	3.8	7.3	0.6	0.7	1.3	0.1	0.1	0.3
年龄	18~44 岁	3.6	4.0	7.6	0.7	0.6	1.3	0.1	0.1	0.3
	45~59 岁	3.7	4.2	7.9	0.6	0.9	1.5	0.1	0.3	0.4
	≥60 岁	2.6	3.0	5.6	0.4	0.8	1.2	0.2	0.1	0.3
城乡	城市	3.4	4.5	7.9	0.7	0.7	1.5	0.1	0.2	0.3
	农村	3.4	3.3	6.7	0.5	0.7	1.2	0.2	0.1	0.3
地区	曲靖市	3.4	3.6	7.1	1.0	0.5	1.5	0.1	0.0	0.1
	普洱市	3.5	3.6	7.1	0.4	1.3	1.7	0.2	0.6	0.8
	丽江市	2.3	3.3	5.6	0.3	1.0	1.3	0.1	0.1	0.3
	昆明市	5.3	4.5	9.7	0.5	0.0	0.5	0.1	0.0	0.1
	红河州	3.3	3.5	6.8	0.7	0.6	1.3	0.2	0.1	0.4
	大理州	2.4	4.4	6.8	0.6	1.0	1.7	0.0	0.2	0.2

云南省各民族不同年龄段成人游泳场所均以公共游泳池为主。从民族分布来看，在
18~44 岁年龄段，纳西族成人在公共游泳池游泳占比最大，彝族成人在河流、池塘等游泳
占比最大，汉族成人在其他地点游泳占比最大。在 45~59 岁年龄段，哈尼族成人在公共
游泳池游泳占比最小，哈尼族成人在河流、池塘与其他地点游泳占比最大。在 ≥60 岁年龄
段，白族成人在公共游泳池游泳占比最大，哈尼族和汉族成人在河流、池塘等游泳占比最
大，汉族和彝族成人在其他地点游泳占比最大。云南省不同年龄和民族成人游泳场所类型
构成情况如表 3-21 所示。

表 3-21   不同年龄和民族成人的游泳场所类型构成情况

单位：%

		公共游泳池			河流、池塘等			其他		
		18~44岁	45~59岁	≥60岁	18~44岁	45~59岁	≥60岁	18~44岁	45~59岁	≥60岁
合计	城市	3.4	3.0	1.2	0.8	0.4	0.4	0.0	0.1	0.0
	农村	4.3	1.8	0.9	0.6	0.2	0.2	0.1	0.1	0.0
	小计	3.8	2.4	1.0	0.7	0.3	0.3	0.0	0.1	0.0
汉族	城市	4.4	2.4	0.8	0.4	0.8	0.0	0.8	0.0	0.4
	农村	3.6	1.3	1.0	0.0	0.7	0.7	0.3	0.0	0.0
	小计	4.0	1.8	0.9	0.2	0.7	0.4	0.5	0.0	0.2

		公共游泳池			河流、池塘等			其他		
		18~44岁	45~59岁	≥60岁	18~44岁	45~59岁	≥60岁	18~44岁	45~59岁	≥60岁
彝族	城市	4.2	3.2	1.1	0.5	1.1	0.0	0.0	0.0	0.0
	农村	4.9	1.5	0.4	1.5	0.8	0.0	0.4	0.4	0.4
	小计	4.6	2.2	0.7	1.1	0.9	0.0	0.2	0.2	0.2
哈尼族	城市	3.0	1.0	2.0	0.0	2.0	0.0	0.0	1.0	0.0
	农村	3.2	1.9	0.0	0.0	1.3	0.6	0.0	0.0	0.0
	小计	3.1	1.6	0.8	0.0	1.6	0.4	0.0	0.4	0.0
白族	城市	1.4	2.7	4.1	0.7	0.0	0.7	0.7	0.0	0.0
	农村	1.9	2.3	2.6	0.4	0.8	0.0	0.0	0.0	0.0
	小计	1.7	2.4	3.2	0.5	0.5	0.2	0.2	0.0	0.0
纳西族	城市	8.7	2.3	0.5	0.5	0.0	0.0	0.0	0.0	0.0
	农村	3.1	2.5	1.2	1.2	0.0	0.0	0.0	0.0	0.0
	小计	5.3	2.4	0.9	0.9	0.0	0.0	0.0	0.0	0.0
其他民族	城市	3.4	3.0	1.2	0.8	0.4	0.4	0.0	0.1	0.0
	农村	4.3	1.8	0.9	0.6	0.2	0.2	0.1	0.1	0.0
	小计	3.8	2.4	1.0	0.7	0.3	0.3	0.0	0.1	0.0

第三节　水暴露时间

水暴露时间主要是指暴露人群身体各部位与水直接接触的活动时间,如洗澡和游泳时间等。其中,洗澡和游泳时间是指洗澡或游泳时与水直接接触的累计时间,不包括穿脱衣服等准备时间。

一、洗澡时间

云南省成人春秋季、夏季、冬季和全年人均洗澡时间分别为 8.6 min/d、10.0 min/d、6.7 min/d 和 8.8 min/d,其中女性在冬季和全年洗澡时间长于男性。从年龄分布来看,各年龄段成人在春秋季和夏季洗澡时间一致,人均分别为 8.6 min/d 和 10.0 min/d,45~59 岁成人冬季洗澡时间最短,≥60 岁成人全年洗澡时间最短。从城乡分布来看,城市与农村地区成人春秋季、夏季和全年洗澡时间一致,人均分别为 8.6 min/d、10.0 min/d 和 8.8 min/d,农村地区成人冬季洗澡时间长于城市地区。云南省不同年龄、城乡和地区成人春秋季、夏季、冬季和全年人均洗澡时间如表 3-22 和表 3-23 所示。

表 3-22   不同年龄、城乡和地区成人的春秋季和夏季人均洗澡时间

单位：min/d

		春秋季			夏季		
		男	女	小计	男	女	小计
合计		8.6	8.6	8.6	10.0	10.0	10.0
年龄	18～44 岁	8.0	9.0	8.6	10.0	10.0	10.0
	45～59 岁	8.6	8.3	8.6	10.0	10.0	10.0
	≥60 岁	8.4	8.6	8.6	10.0	10.0	10.0
城乡	城市	8.6	8.6	8.6	10.0	10.0	10.0
	农村	8.6	8.6	8.6	10.0	10.0	10.0
地区	曲靖市	8.6	8.7	8.6	10.0	10.0	10.0
	普洱市	8.6	8.6	8.6	10.0	10.0	10.0
	丽江市	8.0	8.0	8.0	10.0	10.0	10.0
	昆明市	8.6	10.0	8.6	10.0	12.9	11.4
	红河州	8.0	8.0	8.0	10.0	10.0	10.0
	大理州	8.6	8.6	8.6	10.0	10.0	10.0

表 3-23   不同年龄、城乡和地区成人的冬季和全年人均洗澡时间

单位：min/d

		冬季			全年		
		男	女	小计	男	女	小计
合计		6.0	6.7	6.7	8.6	8.8	8.8
年龄	18～44 岁	6.0	6.7	6.7	8.3	9.4	8.8
	45～59 岁	6.4	6.0	6.0	9.0	8.5	8.8
	≥60 岁	6.0	6.7	6.7	8.7	8.7	8.7
城乡	城市	6.0	6.7	6.4	8.8	8.8	8.8
	农村	6.4	6.7	6.7	8.6	8.9	8.8
地区	曲靖市	6.7	6.5	6.5	8.9	9.3	9.0
	普洱市	6.7	6.7	6.7	9.0	8.6	8.6
	丽江市	5.7	6.0	6.0	7.7	8.3	8.0
	昆明市	6.7	7.5	7.0	9.0	10.0	9.5
	红河州	5.7	6.7	6.0	8.4	8.2	8.2
	大理州	6.0	6.7	6.0	8.5	8.7	8.6

　　云南省不同民族各年龄段成人在春秋季、夏季洗澡时间一致，人均分别为 8.6 min/d、10.0 min/d，在冬季，18～44 岁和≥60 岁成人洗澡时间最长，城市地区 45～59 岁年龄段成人在春秋季洗澡时间高于同年龄段农村地区，城市地区与农村地区各年龄段成人夏季洗澡时间一致，农村地区 18～44 岁和≥60 岁年龄段成人冬季洗澡时间长于城市地区，城市地区 18～44 岁年龄段成人全年洗澡时间低于农村地区。从民族分布来看，在 18～44 岁年龄段，白族和纳西族成人春秋季洗澡时间最短，各民族成人夏季洗澡时间一致，纳西族成人冬季洗澡时间最短，白族成人全年洗澡时间最短。在 45～59 岁年龄段，各民族成人春秋季洗澡时间一致，哈尼族成人夏季洗澡时间最长，汉族成人冬季洗澡时间最短，白族成人全年洗澡时间最短。在≥60 岁年龄段，彝族成人春秋季洗澡时间最短，哈尼族成人夏季洗澡时间最长，其他民族成人冬季洗澡时间最长，哈尼族成人全年洗澡时间最长。云南省不同年龄和民族成人春秋季、夏季、冬季和全年人均洗澡时间如表 3-24 和表 3-25 所示。

表 3-24　不同年龄和民族成人的春秋季和夏季人均洗澡时间

单位：min/d

		春秋季			夏季		
		18～44 岁	45～59 岁	≥60 岁	18～44 岁	45～59 岁	≥60 岁
合计	城市	8.6	8.6	8.6	10.0	10.0	10.0
	农村	8.6	8.3	8.6	10.0	10.0	10.0
	小计	8.6	8.6	8.6	10.0	10.0	10.0
汉族	城市	8.6	8.6	8.6	10.0	10.0	10.0
	农村	8.6	8.0	8.0	10.0	10.0	10.0
	小计	8.6	8.6	8.6	10.0	10.0	10.0
彝族	城市	8.6	10.0	8.0	13.3	10.0	10.0
	农村	8.0	8.0	8.3	10.0	10.0	9.0
	小计	8.6	8.6	8.0	10.0	10.0	10.0
哈尼族	城市	9.3	8.8	8.0	13.1	10.3
	农村	8.6	8.5	11.4	10.0	10.0	15.0
	小计	8.6	8.6	9.5	10.0	10.7	13.3
白族	城市	8.8	8.0	12.5	10.0	8.3	10.0
	农村	8.0	8.6	8.3	10.0	10.0	10.0
	小计	8.0	8.6	8.6	10.0	10.0	10.0
纳西族	城市	6.3	5.7	8.9	10.0	7.0	11.4
	农村	10.0	10.0	8.3	10.0	10.0	10.0
	小计	8.0	8.6	8.6	10.0	10.0	10.0

		春秋季			夏季		
		18～44 岁	45～59 岁	≥60 岁	18～44 岁	45～59 岁	≥60 岁
其他民族	城市	8.6	10.0	8.6	10.0	13.0	10.0
	农村	8.6	8.6	8.0	10.0	10.0	10.0
	小计	8.6	8.6	8.3	10.0	10.0	10.0

表 3-25　不同年龄和民族成人的冬季和全年人均洗澡时间

单位：min/d

		冬季			全年		
		18～44 岁	45～59 岁	≥60 岁	18～44 岁	45～59 岁	≥60 岁
合计	城市	6.4	6.2	6.0	8.6	8.9	8.8
	农村	6.7	6.0	6.7	9.0	8.6	8.6
	小计	6.7	6.0	6.7	8.8	8.8	8.7
汉族	城市	6.4	6.4	6.7	8.6	8.8	8.8
	农村	6.7	6.0	6.5	9.3	8.5	8.8
	小计	6.7	6.0	6.5	9.0	8.7	8.8
彝族	城市	7.3	7.5	6.0	9.8	10.8	8.4
	农村	6.7	6.0	6.0	8.6	8.0	8.2
	小计	6.7	6.5	6.0	8.8	8.8	8.2
哈尼族	城市	7.5	6.9	5.0	8.8	9.8	8.3
	农村	6.7	6.7	8.6	8.7	8.7	12.3
	小计	6.7	6.7	6.8	8.8	9.0	10.0
白族	城市	6.7	5.0	4.1	8.0	6.7	8.6
	农村	6.0	7.3	6.2	8.2	8.8	8.9
	小计	6.7	6.7	5.5	8.0	8.0	8.6
纳西族	城市	5.0	4.6	6.8	7.3	6.1	9.4
	农村	6.0	6.7	6.0	8.6	9.6	8.3
	小计	5.7	6.6	6.5	8.2	8.9	8.6
其他民族	城市	6.4	6.3	5.5	8.6	10.0	9.4
	农村	6.8	6.7	7.8	8.7	8.2	8.1
	小计	6.7	6.7	7.1	8.6	8.7	8.2

二、游泳时间

云南省成人春秋季、夏季、冬季和全年人均游泳时间分别为 60.0 min/月、120 min/月、

60.0 min/月和 47.5 min/月，其中男性全年游泳时间长于女性。从年龄分布来看，45～59 岁成人春秋季游泳时间最长，各年龄段成人夏季与冬季游泳时间一致，人均分别为 120.0 min/月和 60.0 min/月，18～44 岁成人全年游泳时间最长。从城乡分布来看，城乡地区成人春秋季、夏季、冬季游泳时间均一致，人均分别为 60.0 min/月、120.0 min/月、60.0 min/月，但城市地区成人全年游泳时间长于农村地区。从地区分布来看，昆明市成人春秋季游泳时间最长，红河州成人夏季游泳时间最短，丽江市和昆明市成人冬季游泳时间最长，昆明市成人全年游泳时间最长。云南省不同年龄、城乡和地区成人春秋季、夏季、冬季和全年人均游泳时间如表 3-26 和表 3-27 所示。

表 3-26　不同年龄、城乡和地区成人的春秋季和夏季人均游泳时间

单位：min/月

		春秋季			夏季		
		男	女	小计	男	女	小计
合计		60.0	60.0	60.0	120.0	120.0	120.0
年龄	18～44 岁	60.0	60.0	60.0	120.0	120.0	120.0
	45～59 岁	90.0	60.0	80.0	145.0	120.0	120.0
	≥60 岁	20.0	25.0	20.0	90.0	120.0	120.0
城乡	城市	60.0	60.0	60.0	120.0	120.0	120.0
	农村	60.0	55.0	60.0	120.0	120.0	120.0
	小计	60.0	60.0	60.0	120.0	120.0	120.0
地区	曲靖市	30.0	30.0	30.0	120.0	110.0	120.0
	普洱市	30.0	20.0	30.0	150.0	120.0	120.0
	丽江市	60.0	30.0	45.0	120.0	120.0	120.0
	昆明市	120.0	100.0	120.0	120.0	150.0	120.0
	红河州	22.5	75.0	30.0	120.0	95.0	118.3
	大理州	30.0	60.0	60.0	120.0	120.0	120.0

表 3-27　不同年龄、城乡和地区成人的冬季和全年人均游泳时间

单位：min/月

		冬季			全年		
		男	女	小计	男	女	小计
合计		60.0	60.0	60.0	49.5	47.5	47.5
年龄	18～44 岁	60.0	60.0	60.0	60.0	60.0	60.0
	45～59 岁	85.0	52.5	60.0	53.8	40.0	45.0
	≥60 岁	70.0	60.0	60.0	30.0	30.0	30.0

		冬季			全年		
		男	女	小计	男	女	小计
城乡	城市	60.0	60.0	60.0	54.1	48.8	51.3
	农村	60.0	60.0	60.0	45.0	45.0	45.0
	小计	60.0	60.0	60.0	49.5	47.5	47.5
地区	曲靖市	72.0	55.0	60.0	54.5	42.5	49.4
	普洱市	55.0	35.0	42.5	50.0	26.3	39.0
	丽江市	90.0	120.0	120.0	35.0	60.0	47.5
	昆明市	120.0	120.0	120.0	61.3	70.5	64.3
	红河州	85.0	110.0	100.0	37.7	60.0	43.3
	大理州	60.0	60.0	60.0	43.3	45.0	45.0

云南省各民族成人在夏季游泳时间最长，45～59 岁成人在春秋季游泳时间最长，18～44 岁成人全年游泳时间最长，各年龄段成人在夏、冬季游泳时间一致，城市地区 45～59 岁和≥60 岁成人春秋季游泳时间长于农村地区，农村地区≥60 岁成人夏季和冬季游泳时间长于城市地区，但城市地区 45～59 岁成人全年游泳时间长于农村地区。从民族分布来看，在 18～44 岁年龄段，纳西族成人春秋季游泳时间最短，彝族成人夏季和冬季游泳时间最长，白族成人全年游泳时间最长。在 45～59 岁年龄段，白族成人春秋和冬季游泳时间最长，白族和纳西族成人夏季游泳时间最长，纳西族成人全年游泳时间最长。在≥60 岁年龄段，纳西族成人春秋季游泳时间最长，白族成人夏季游泳时间最长，汉族成人冬季游泳时间最长，哈尼族成人全年游泳时间最长。云南省不同年龄和民族成人春秋季、夏季、冬季与全年游泳时间如表 3-28 和表 3-29 所示。

表 3-28　不同年龄和民族成人的春秋季和夏季游泳时间

单位：min/月

		春秋季			夏季		
		18～44 岁	45～59 岁	≥60 岁	18～44 岁	45～59 岁	≥60 岁
合计	城市	60.0	80.0	30.0	100.0	120.0	60.0
	农村	60.0	70.0	20.0	120.0	120.0	120.0
	小计	60.0	80.0	20.0	120.0	120.0	120.0
汉族	城市	35.0	100.0	45.0	120.0	160.0	67.5
	农村	66.0	80.0	10.0	120.0	120.0	120.0
	小计	60.0	85.0	30.0	120.0	120.0	105.0

		春秋季			夏季		
		18~44 岁	45~59 岁	≥60 岁	18~44 岁	45~59 岁	≥60 岁
彝族	城市	60.0	32.5	10.0	63.3	120.0	30.0
	农村	25.0	72.5	20.0	85.0	120.0	70.0
	小计	60.0	32.5	13.3	63.3	120.0	30.0
哈尼族	城市	60.0	190.0	12.5	120.0	60.0	20.0
	农村	25.0	60.0	67.5	120.0	130.0	180.0
	小计	60.0	60.0	17.5	120.0	80.0	165.0
白族	城市	67.5	95.0	43.0	160.0	300.0	40.0
	农村	55.0	140.0	25.0	235.0	240.0	360.0
	小计	55.0	100.0	34.0	160.0	240.0	200.0
纳西族	城市	10.0	90.0	20.0	300.0	135.0	75.0
	农村	20.0	120.0	150.0	120.0	240.0	120.0
	小计	17.5	95.0	120.0	140.0	240.0	120.0
其他民族	城市	60.0	25.0	120.0	60.0	120.0	120.0
	农村	30.0	20.0	20.0	170.0	40.0	90.0
	小计	60.0	22.5	70.0	100.0	80.0	120.0

表 3-29　不同年龄和民族成人的冬季和全年游泳时间

单位：min/月

		冬季			全年		
		18~44 岁	45~59 岁	≥60 岁	18~44 岁	45~59 岁	≥60 岁
合计	城市	60.0	60.0	60.0	60.0	52.5	30.0
	农村	60.0	60.0	120.0	60.0	40.0	30.0
	小计	60.0	60.0	60.0	60.0	45.0	30.0
汉族	城市	60.0	120.0	60.0	60.0	60.0	37.2
	农村	60.0	60.0	120.0	57.5	40.0	30.0
	小计	60.0	85.0	120.0	60.0	52.5	30.0
彝族	城市	240.0	15.0	6.7	65.0	32.5	12.5
	农村	180.0	20.0	120.0	60.0	65.0	30.0
	小计	210.0	20.0	63.3	60.0	47.5	22.5
哈尼族	城市	120.0	90.0	2.5	82.5	20.8	9.1
	农村	90.0	120.0	—	60.0	25.0	45.0
	小计	120.0	105.0	2.5	60.0	21.3	45.0
白族	城市	45.0	60.0	30.0	47.5	52.5	19.5
	农村	40.0	240.0	—	87.5	39.0	102.5
	小计	45.0	150.0	30.0	73.8	39.0	31.5

		冬季			全年		
		18～44 岁	45～59 岁	≥60 岁	18～44 岁	45～59 岁	≥60 岁
纳西族	城市	20.0	20.0	120.0	76.3	58.8	15.0
	农村	120.0	30.0	5.0	30.0	116.3	62.5
	小计	30.0	25.0	90.0	40.0	111.3	42.5
其他民族	城市	60.0	183.3	60.0	45.0	30.0	—
	农村	60.0	50.0	16.3	68.1	15.0	31.3
	小计	60.0	50.0	30.0	55.0	17.5	31.3

第四节　综合分析

一、云南省成人水环境暴露参数与国内外成人存在明显差异

对比《中国人群环境暴露参数手册（成人卷）》、《中国人群环境暴露行为模式研究报告（成人卷）》和 *Exposure Factors Handbook：2011 Edition*（USEPA，2011）等，云南省成人综合暴露系数、身体特征、摄入量及暴露时间与中国、美国、日本和韩国同年龄段成人存在明显差异（表 3-30）。云南省成人饮水综合暴露系数与我国成人饮水综合暴露系数差别较小，但分别是美国、日本、韩国成人的 2.15 倍、2.55 倍、1.17 倍；云南省成人的水经皮肤综合暴露系数分别是中国、美国、日本和韩国成人的 1.21 倍、0.53 倍、0.35 倍和 0.52 倍。主要受身体特征（体重）和暴露时间等参数影响。

表 3-30　云南省成人综合暴露系数与国内外对比情况

类别		指标	云南	中国	美国	日本	韩国
综合暴露系数	水	饮水综合暴露系数	0.028	0.031	0.013	0.011	0.024
		水经皮肤综合暴露系数	0.164	0.136	0.308	0.475	0.315
暴露参数	身体特征	体重/kg	58.0	60.6	79.5	58.5	62.8
		皮肤表面积/m²	1.6	1.6	2.0	1.6	1.7
	摄入量	饮水量/（mL/d）	1 650	1 850	1 043	667	1 502
	暴露时间	洗澡时间[*]/（min/d）	8.8	7.0	15[*]	15.9[*]	10.1[*]

注：[*] 表示各国成人盆浴与淋浴时间均值。

二、云南省成人水环境暴露行为存在地区、城乡、性别、年龄和民族差异

云南省成人的水环境暴露行为模式存在地区、城乡、性别、年龄和民族差异（表 3-31）。

表 3-31　云南省各年龄、城乡、地区和民族的成人水环境综合暴露系数

合计		饮水综合暴露系数	水经皮肤综合暴露系数[*]
性别	男	0.027	0.19
	女	0.029	0.22
年龄	18～44 岁	0.029	0.17
	45～59 岁	0.027	0.16
	≥60 岁	0.028	0.17
城乡	城市	0.027	0.16
	农村	0.029	0.17
地区	曲靖市	0.028	0.17
	普洱市	0.030	0.17
	丽江市	0.026	0.15
	昆明市	0.028	0.18
	红河州	0.027	0.16
	大理州	0.029	0.17
民族	汉族	0.027	0.16
	彝族	0.030	0.17
	哈尼族	0.028	0.17
	白族	0.030	0.15
	纳西族	0.025	0.15
	其他民族	0.030	0.16

注：[*] 水经皮肤综合暴露系数不包含游泳时间，基于成人洗澡时间计算得出。

1. 性别与年龄差异

从性别分布来看，饮水综合暴露系数性别差异不大；男性水经皮肤综合暴露系数是女性的 1.16 倍。从年龄分布来看，18～44 岁成人饮水暴露系数最高，45～59 岁成人水经皮肤综合暴露系数最低；18～44 岁和≥60 岁成人的水经皮肤综合暴露系数一致，45～59 岁成人水经皮肤综合暴露系数最低。

2. 地区和城乡差异

从城乡分布来看，农村地区成人饮水综合暴露系数和水经皮肤综合暴露系数均高于城市地区。从地区分布来看，普洱市成人饮水综合暴露系数最高，丽江市成人饮水综合暴露系数最低，均低于全国平均水平。昆明市成人水经皮肤综合暴露系数最高，丽江市成人水经皮肤综合暴露系数最低，分别是全国平均水平的 1.3 倍和 1.1 倍。

3. 民族差异

从民族分布来看，彝族、白族、其他民族成人饮水综合暴露系数最高，纳西族最低，均低于全国平均水平；彝族和哈尼族成人水经皮肤综合暴露系数最高，为全国平均水平的 1.25 倍，白族与纳西族成人水经皮肤综合暴露系数最低，为全国平均水平的 1.1 倍。

三、在环境管理中的应用（健康风险评估）

不同环境介质暴露于人体的途径不同，但主要暴露途径为经呼吸暴露、经皮肤暴露和经口/消化道暴露 3 种，以水中的苯并芘和硝基苯为例，按饮用水污染物分为无阈（致癌性物质）和有阈（非致癌性物质），将本调查所获得的饮水综合暴露参数代入式（3-1）和式（3-2），以推导饮用水苯并芘和硝基苯的基准值。

$$C = \frac{R}{SF \times EI_{water}} \qquad (3-1)$$

式中：C——饮用水中某污染物的基准值，mg/L；

R——最大可接受风险，取 10^{-4}（USEPA，1991）；

SF——斜率致癌因子，苯并芘为 7.3 mg/（kg·d）；

EI_{water}——饮水综合暴露系数，L/（kg·d）。

$$C = \frac{RfD}{EI_{water}} \qquad (3-2)$$

式中：RfD——参考剂量，硝基苯取 0.002 mg/（kg·d）；

C 和 EI_{water} 同上。

结果显示，云南省成人环境行为模式的苯并芘和硝基苯环境基准值均低于国内外平均水平（表 3-32 和表 3-33）。

表 3-32　饮水健康基准值推导结果比较

	基于云南省成人暴露参数	基于中国人群暴露参数	基于国外人群暴露参数		
			美国	日本	韩国
饮水综合暴露系数/ [L/（kg·d）]	0.028	0.031	0.013	0.011	0.024
苯并芘的基准推导值/（mg/L）	$0.49×10^{-3}$	$0.44×10^{-3}$	$1.05×10^{-3}$	$1.25×10^{-3}$	$0.57×10^{-3}$
硝基苯的基准推导值/（mg/L）	0.07	0.06	0.15	0.18	0.08

表 3-33　饮水健康基准值推导结果比较

		基于云南省各民族成人饮水综合暴露系数	苯并芘的基准推导值/（mg/L）	硝基苯的基准推导值/（mg/L）
民族	汉族	0.027	$0.51×10^{-3}$	0.07
	彝族	0.030	$0.46×10^{-3}$	0.07
	哈尼族	0.028	$0.51×10^{-3}$	0.07
	白族	0.030	$0.46×10^{-3}$	0.07
	纳西族	0.025	$0.55×10^{-3}$	0.08
	其他民族	0.030	$0.46×10^{-3}$	0.07

　　讨论：云南省成人饮水暴露系数高于美国、日本和韩国，在同样的风险水平下，我国的环境健康基准严于美国、日本和韩国。在环境健康基准值推导过程中，如果采用其他国家的参数会产生较大偏差，因此应优先选择我国人群环境暴露行为模式参数。云南省各民族饮水暴露参数均低于中国平均水平，但存在民族差异性，因此，有必要针对各民族开展详细暴露参数调查以得出准确的评价结果。

第四章

土壤/尘环境介质相关的暴露特征

第一节　土壤/尘暴露类型

一、土壤接触占比

云南省具有土壤接触行为的成人占比为 56.2%，其中女性占比高于男性。从年龄分布来看，45～59 岁成人具有土壤接触行为占比最高。从城乡分布来看，农村地区成人具有土壤接触行为占比高于城市地区；从地区分布来看，曲靖市成人具有土壤接触行为占比最高，昆明市最低。云南省不同年龄、城乡和地区成人具有土壤接触行为构成情况如表 4-1 所示。

表 4-1　不同年龄、城乡和地区成人具有土壤接触行为构成情况

单位：%

		不具有土壤接触行为			具有土壤接触行为		
		男	女	小计	男	女	小计
合计		17.6	26.2	43.8	27.4	28.8	56.2
年龄	18～44 岁	17.8	29.4	47.1	25.2	27.7	52.9
	45～59 岁	15.4	21.3	36.6	32.2	31.2	63.4
	≥60 岁	20.4	25.2	45.7	26.0	28.4	54.3

		不具有土壤接触行为			具有土壤接触行为		
		男	女	小计	男	女	小计
城乡	城市	22.2	32.2	54.4	23.3	22.3	45.6
	农村	13.9	21.2	35.1	30.7	34.2	64.9
地区	曲靖市	15.4	19.7	35.1	34.5	30.4	64.9
	普洱市	17.6	27.6	45.2	23.7	31.0	54.8
	丽江市	15.9	28.2	44.1	28.2	27.7	55.9
	昆明市	24.1	27.1	51.3	26.4	22.4	48.7
	红河州	13.5	22.2	35.7	30.1	34.1	64.3
	大理州	18.1	33.0	51.1	20.8	28.1	48.9

云南省不同民族 18～44 岁成人具有土壤接触行为占比最高，且随着年龄段增大，占比降低。从民族分布来看，其他民族 18～44 岁年龄成人具有土壤接触行为占比最高，纳西族 45～59 岁和≥60 岁成人具有土壤接触行为占比最高。云南省不同民族成人具有土壤接触行为构成情况如表 4-2 所示。

表 4-2 不同民族成人具有土壤接触行为构成情况

单位：%

		不具有土壤接触行为			具有土壤接触行为		
		18～44 岁	45～59 岁	≥60 岁	18～44 岁	45～59 岁	≥60 岁
合计	城市	30.02	14.11	10.28	22.34	15.09	8.16
	农村	19.20	7.70	8.19	30.85	20.98	13.08
	小计	24.08	10.59	9.13	27.01	18.32	10.86
汉族	城市	28.1	15.5	10.1	20.1	17.5	8.6
	农村	21.3	9.0	6.7	30.9	19.8	12.3
	小计	24.6	12.1	8.4	25.7	18.7	10.5
彝族	城市	32.1	10.8	14.1	26.1	9.6	7.2
	农村	24.8	10.6	12.2	20.5	14.9	17.2
	小计	28.1	10.7	13.0	23.0	12.5	12.7
哈尼族	城市	29.1	9.0	13.2	27.5	12.2	9.0
	农村	17.0	5.7	2.7	41.7	20.8	12.1
	小计	22.1	7.1	7.1	35.8	17.2	10.8
白族	城市	41.4	11.1	8.1	28.3	6.1	5.1
	农村	17.4	3.2	9.0	29.7	32.3	8.4
	小计	26.8	6.3	8.7	29.1	22.0	7.1

		不具有土壤接触行为			具有土壤接触行为		
		18～44 岁	45～59 岁	≥60 岁	18～44 岁	45～59 岁	≥60 岁
纳西族	城市	22.6	18.5	7.5	19.2	18.5	13.7
	农村	13.2	7.5	19.5	15.4	24.8	19.5
	小计	16.5	11.4	15.3	16.7	22.6	17.5
其他民族	城市	42.5	10.0	7.3	29.7	7.3	3.2
	农村	10.1	2.1	7.4	44.8	24.5	11.0
	小计	23.1	5.3	7.3	38.7	17.6	7.9

二、土壤接触特征

云南省各民族成人土壤接触行为以务农性接触与健身休闲接触为主，女性占比高于男性。从年龄分布来看，45～59 岁成人务农性接触土壤行为占比最高，18～44 岁成人其他生产性接触、健身休闲和其他接触土壤占比最高。从城乡分布来看，城市地区成人以健身休闲接触土壤占比高于农村地区。从地区分布来看，曲靖市成人以务农性接触、其他生产性活动和其他方式接触土壤占比最高，红河州成人以健身休闲接触土壤占比最高。云南省不同年龄、城乡和地区成人具有土壤接触行为构成情况如表4-3和表4-4所示。

表4-3 不同年龄、城乡和地区成人具有务农性和其他生产性土壤接触行为构成情况

单位：%

		务农性接触			其他生产性接触		
		男	女	小计	男	女	小计
合计		23.8	25.4	49.3	4.7	3.7	8.4
年龄	18～44 岁	20.8	22.6	43.4	5.5	4.9	10.4
	45～59 岁	28.9	29.3	58.2	4.5	2.6	7.1
	≥60 岁	24.3	27.1	51.4	2.8	2.3	5.1
城乡	城市	18.2	17.7	35.9	4.7	3.6	8.3
	农村	28.5	31.8	60.3	4.6	3.8	8.4
地区	曲靖市	31.6	27.5	59.1	6.6	5.3	11.9
	普洱市	20.7	29.1	49.8	2.8	2.8	5.5
	丽江市	26.8	27.4	54.2	5.7	3.0	8.7
	昆明市	20.6	17.8	38.4	2.7	1.8	4.5
	红河州	26.1	30.1	56.3	5.3	5.6	10.9
	大理州	17.3	22.1	39.3	4.9	4.0	8.8

注：表4-3指具有土壤接触行为成人的接触占比。

表 4-4 不同年龄、城乡和地区成人具有健身休闲和其他土壤接触行为构成情况

单位：%

		健身休闲接触			其他接触		
		男	女	小计	男	女	小计
合计		6.1	6.3	12.4	0.8	0.7	1.5
年龄	18～44 岁	8.0	8.5	16.5	1.1	0.7	1.8
	45～59 岁	4.2	3.1	7.4	0.7	0.8	1.5
	≥60 岁	4.0	5.3	9.3	0.4	0.4	0.8
城乡	城市	6.9	7.5	14.4	0.7	0.4	1.2
	农村	5.5	5.3	10.8	0.9	0.9	1.8
地区	曲靖市	8.3	7.4	15.7	1.3	1.0	2.3
	普洱市	2.1	3.6	5.7	0.6	0.7	1.4
	丽江市	3.8	2.9	6.6	0.7	0.8	1.4
	昆明市	5.2	3.7	8.9	0.5	0.2	0.7
	红河州	10.8	12.4	23.2	1.3	0.7	2.1
	大理州	6.5	8.0	14.5	0.6	0.6	1.2

注：表 4-4 指具有土壤接触行为成人的接触占比。

云南省各民族成人均以务农性接触土壤占比最高，各年龄段农村地区成人务农性接触土壤行为占比高于城市地区。从民族分布来看，在 18～44 岁年龄段，其他民族成人以务农性接触土壤占比最高，白族成人以其他生产性接触土壤占比最高，哈尼族成人以健身休闲和其他方式接触土壤占比最高。在 45～59 岁年龄段，纳西族成人以务农性接触土壤占比最高，汉族成人以其他生产性接触土壤占比最高，汉族和其他民族成人以健身休闲接触土壤占比最高，白族成人以其他方式接触土壤占比最高。在 ≥60 岁年龄段，纳西族成人以务农性接触土壤占比最高，白族成人以其他生产性接触土壤占比最高，哈尼族成人以健身休闲接触土壤占比最高，哈尼族和白族成人以其他方式接触土壤占比最高。云南省不同民族成人具有土壤接触行为构成情况见表 4-5 和表 4-6。

表 4-5 不同民族成人具有务农性和其他生产性土壤接触行为构成情况

单位：%

		务农性接触			其他生产性接触		
		18～44 岁	45～59 岁	≥60 岁	18～44 岁	45～59 岁	≥60 岁
合计	城市	16.0	12.5	7.4	4.7	2.6	1.7
	农村	27.3	20.7	12.7	6.2	1.9	1.1
	小计	22.2	17.0	10.3	5.5	2.2	1.3

		务农性接触			其他生产性接触		
		18~44 岁	45~59 岁	≥60 岁	18~44 岁	45~59 岁	≥60 岁
汉族	城市	15.9	14.4	7.7	4.1	2.9	1.1
	农村	27.5	19.2	11.7	5.6	1.9	1.1
	小计	22.0	16.9	9.8	4.9	2.4	1.1
彝族	城市	12.9	8.8	6.4	7.2	2.8	0.4
	农村	14.9	14.2	16.8	4.3	1.3	1.0
	小计	13.9	11.8	12.1	5.6	2.0	0.7
哈尼族	城市	19.0	9.0	7.4	5.3	2.6	0.0
	农村	37.9	20.1	12.1	6.4	1.1	1.1
	小计	30.0	15.5	10.2	6.0	1.8	0.7
白族	城市	23.2	6.1	4.0	10.1	0.0	1.0
	农村	22.6	32.3	8.4	9.0	0.6	1.9
	小计	22.8	22.0	6.7	9.4	0.4	1.6
纳西族	城市	16.4	17.8	13.7	2.7	1.4	2.7
	农村	14.7	24.4	19.5	4.9	1.1	0.4
	小计	15.3	22.1	17.5	4.1	1.2	1.2
其他民族	城市	14.6	5.5	3.2	5.0	1.8	0.5
	农村	41.1	23.9	10.7	6.4	1.5	0.6
	小计	30.5	16.5	7.7	5.9	1.7	0.6

注：表 4-5 指具有土壤接触行为成人的接触占比。

表 4-6　不同民族成人具有健身休闲和其他土壤接触行为构成情况

单位：%

		健身休闲接触			其他接触		
		18~44 岁	45~59 岁	≥60 岁	18~44 岁	45~59 岁	≥60 岁
合计	城市	8.7	3.3	2.8	0.6	0.4	0.2
	农村	8.5	1.5	1.1	1.2	0.5	0.1
	小计	8.6	2.3	1.9	0.9	0.4	0.2
汉族	城市	6.7	3.5	2.9	0.5	0.4	0.2
	农村	8.5	1.4	0.8	1.2	0.6	0.0
	小计	7.6	2.4	1.8	0.9	0.5	0.1
彝族	城市	15.3	2.0	3.6	0.0	0.4	0.0
	农村	7.3	0.3	0.3	1.0	0.0	0.3
	小计	10.9	1.1	1.8	0.5	0.2	0.2
哈尼族	城市	8.5	2.1	3.7	2.1	0.0	0.0
	农村	13.6	2.3	3.0	2.7	0.0	0.8
	小计	11.5	2.2	3.3	2.4	0.0	0.4

		健身休闲接触			其他接触		
		18~44 岁	45~59 岁	≥60 岁	18~44 岁	45~59 岁	≥60 岁
白族	城市	7.1	0.0	1.0	1.0	0.0	0.0
	农村	7.1	0.0	1.3	1.3	1.3	0.6
	小计	7.1	0.0	1.2	1.2	0.8	0.4
纳西族	城市	9.6	2.7	2.1	0.7	1.4	0.7
	农村	3.4	1.9	0.8	0.0	0.0	0.0
	小计	5.6	2.2	1.2	0.2	0.5	0.2
其他民族	城市	16.0	2.7	0.9	0.5	0.0	0.0
	农村	8.3	2.1	2.5	1.2	0.6	0.0
	小计	11.4	2.4	1.8	0.9	0.4	0.0

注：表 4-6 指具有土壤接触行为成人的接触占比。

第二节　土壤暴露时间

　　云南省具有土壤接触行为成人接触时间为 180.0 min/d，男性和女性成人土壤接触时间分别为 196.0 min/d 和 169.1 min/d。从年龄分布来看，45~59 岁成人土壤接触时间最长。从城乡分布来看，农村地区成人土壤接触时间长于城市地区。从地区分布来看，曲靖市和红河州成人土壤接触时间最长。云南省不同年龄、城乡和地区成人土壤暴露时间如表 4-7 所示。

表 4-7　不同年龄、城乡和地区成人土壤暴露时间

单位：min/d

合计		男	女	小计
		196.0	169.1	180.0
年龄	18~44 岁	180.0	133.2	157.0
	45~59 岁	240.0	189.9	227.4
	≥60 岁	212.9	195.6	200.3
城乡	城市	178.4	161.0	169.6
	农村	222.9	173.0	182.5
地区	曲靖市	240.0	236.7	240.0
	普洱市	128.0	109.7	116.0
	丽江市	180.0	180.0	180.0

合计		男	女	小计
		196.0	169.1	180.0
地区	昆明市	210.0	182.5	193.6
	红河州	240.0	240.0	240.0
	大理州	184.0	144.0	171.4

注：表 4-7 指具有土壤暴露行为成人的暴露时间。

  云南省各民族成人土壤暴露时间表现为 45～59 岁年龄段成人土壤暴露时间最长，各年龄段均呈现农村地区成人暴露时间高于城市地区。从民族分布来看，其他民族各年龄段成人土壤暴露时间最长，彝族 18～44 岁成人、白族 45～59 岁成人和彝族≥60 岁成人土壤暴露时间最短。云南省不同民族成人土壤暴露时间如表 4-8 所示。

表 4-8　不同民族成人土壤暴露时间

单位：min/d

		18～44 岁	45～59 岁	≥60 岁
合计	城市	128.6	180.0	191.8
	农村	160.6	240.0	236.0
	小计	157.0	227.4	200.3
汉族	城市	137.2	182.5	195.9
	农村	169.1	240.0	240.0
	小计	157.8	236.7	230.0
彝族	城市	110.0	240.0	70.0
	农村	150.9	180.0	120.0
	小计	128.6	180.0	120.0
哈尼族	城市	109.3	109.7	259.7
	农村	148.0	180.0	240.0
	小计	144.9	152.1	240.0
白族	城市	118.8	70.0	120.0
	农村	137.1	120.0	131.0
	小计	137.1	117.0	131.0
纳西族	城市	160.3	110.0	184.5
	农村	135.5	262.5	240.0
	小计	135.8	210.0	225.6
其他民族	城市	105.2	240.0	291.4
	农村	181.3	360.0	240.0
	小计	179.9	360.0	240.0

注：表 4-8 指具有土壤暴露行为成人的暴露时间。

云南省成人因务农、其他生产性活动、健身休闲和其他活动的土壤接触时间分别为 134.1 min/d、90.0 min/d、60.0 min/d 和 20.0 min/d。从年龄分布来看，45～59 岁成人具有最长的务农性土壤接触时间，≥60 岁成人具有最长的其他生产性活动和健身休闲土壤接触时间，18～44 岁和 45～59 岁成人具有最长的其他土壤接触时间。从城乡分布来看，农村地区成人比城市地区具有更长的务农性和其他生产性土壤接触时间。从地区分布来看，昆明市成人具有最长的务农性土壤接触时间，大理州成人具有最短的其他生产性土壤接触时间，丽江市成人具有最短的健身休闲性土壤接触时间，普洱市成人具有最短的其他土壤接触时间。云南省不同年龄、城乡和地区成人土壤接触时间如表 4-9 和表 4-10 所示。

表 4-9　不同年龄、城乡和地区成人务农与其他生产性活动土壤接触时间

单位：min/d

		务农			其他生产性活动		
		男	女	小计	男	女	小计
	合计	150.0	126.0	134.1	120.0	68.6	90.0
年龄	18～44 岁	118.4	99.5	106.5	171.4	60.0	82.1
	45～59 岁	219.0	180.0	182.5	120.0	81.0	90.0
	≥60 岁	180.0	120.0	150.0	64.0	135.0	85.9
城乡	城市	98.6	91.7	94.7	120.0	62.0	82.8
	农村	180.0	147.0	166.5	144.0	68.6	96.4
地区	曲靖市	213.7	157.8	180.0	120.0	119.2	120.0
	普洱市	119.0	101.5	108.0	165.0	49.7	75.6
	丽江市	118.4	118.4	118.4	120.0	120.0	120.0
	昆明市	187.3	200.0	192.0	64.0	151.3	120.0
	红河州	180.0	157.8	180.0	178.0	35.5	90.0
	大理州	102.4	120.0	119.2	90.0	60.0	60.0

注：表 4-9 指具有土壤暴露行为成人的暴露时间。

表 4-10　不同年龄、城乡和地区成人健身休闲与其他生产性土壤接触时间

单位：%

		健身休闲			其他		
		男	女	小计	男	女	小计
	合计	55.3	60.0	60.0	20.0	17.1	20.0
年龄	18～44 岁	60.0	48.0	55.3	19.9	20.0	20.0
	45～59 岁	40.0	42.9	41.4	19.7	29.8	20.0
	≥60 岁	51.4	90.0	68.6	25.0	4.0	17.1

		健身休闲			其他		
		男	女	小计	男	女	小计
城乡	城市	59.6	60.0	60.0	20.0	30.0	20.0
	农村	45.4	42.9	42.9	20.0	14.8	17.1
	小计	55.3	60.0	60.0	20.0	17.1	20.0
地区	曲靖市	60.0	85.7	60.0	30.0	30.0	30.0
	普洱市	76.1	51.4	60.0	14.1	4.0	6.1
	丽江市	30.0	39.7	31.6	20.0	21.4	20.0
	昆明市	60.0	25.0	34.3	6.0	51.4	8.6
	红河州	60.0	60.0	60.0	19.7	10.5	15.1
	大理州	42.9	50.4	42.9	50.0	30.0	30.0

注：表 4-10 指具有土壤暴露行为成人的暴露时间。

　　云南省各民族成人以务农性接触土壤时间最长，且农村地区成人接触土壤时间长于城市地区。从民族分布来看，其他民族各年龄段成人务农性土壤接触时间均最长，白族 18～44 岁和 45～59 岁成人，哈尼族 ≥60 岁成人因其他生产性活动产生的土壤接触时间最长。而各民族健身休闲接触和其他活动产生的土壤接触时间数据不全，本书不进行比较。云南省不同民族成人因不同活动的土壤接触时间如表 4-11 和表 4-12 所示。

表 4-11　不同民族成人务农与其他生产性活动接触土壤时间

单位：min/d

		务农性接触			其他生产性接触		
		18～44 岁	45～59 岁	≥60 岁	18～44 岁	45～59 岁	≥60 岁
合计	城市	72.3	157.8	94.2	75.6	60.0	181.3
	农村	121.7	236.7	180.0	120.0	180.0	29.6
	小计	108.5	182.5	150.0	90.0	120.0	150.0
汉族	城市	79.5	180.0	98.2	82.8	66.0	180.0
	农村	120.0	240.0	214.3	128.6	175.7	27.7
	小计	113.0	210.0	144.0	118.4	81.0	75.0
彝族	城市	51.5	168.9	55.7	35.1	256.4	34.3
	农村	120.0	120.0	134.0	77.1	132.0	17.8
	小计	62.5	154.3	120.0	60.0	144.0	19.7
哈尼族	城市	80.0	66.0	47.3	174.9	51.4	—
	农村	93.0	180.0	225.0	68.6	360.0	260.0
	小计	87.5	146.0	180.0	68.6	175.7	260.0

		务农性接触			其他生产性接触		
		18～44 岁	45～59 岁	≥60 岁	18～44 岁	45～59 岁	≥60 岁
白族	城市	68.5	70.0	120.0	360.0	—	214.3
	农村	115.0	117.0	169.2	77.1	360.0	180.0
	小计	94.3	115.0	169.2	195.0	360.0	180.0
纳西族	城市	64.6	67.3	99.5	117.9	43.2	195.0
	农村	71.0	240.0	240.0	137.1	189.4	60.0
	小计	71.0	180.0	168.9	137.1	144.0	150.0
其他民族	城市	60.0	240.0	179.2	17.8	60.0	182.5
	农村	180.0	360.0	240.0	60.0	60.0	72.0
	小计	157.0	360.0	240.0	46.4	60.0	127.3

注：表 4-11 指具有土壤暴露行为成人的暴露时间；—表示无数值。

表 4-12　不同民族成人健身休闲与其他接触土壤时间

单位：min/d

		健身休闲接触			其他接触		
		18～44 岁	45～59 岁	≥60 岁	18～44 岁	45～59 岁	≥60 岁
合计	城市	60.0	53.7	90.0	19.7	25.0	20.0
	农村	42.9	30.0	55.7	22.9	17.1	10.6
	小计	49.7	39.5	68.6	20.0	20.0	17.1
汉族	城市	60.0	60.0	90.0	9.9	20.0	20.0
	农村	60.0	30.0	55.7	18.6	13.6	—
	小计	60.0	41.4	85.7	16.0	20.0	20.0
彝族	城市	60.0	36.9	30.0	—	190.0	—
	农村	110.0	90.0	49.3	60.0	—	1.7
	小计	72.9	39.5	30.0	60.0	190.0	1.7
哈尼族	城市	30.0	60.0	540.0	42.5	—	—
	农村	42.9	24.0	137.1	13.2	—	10.6
	小计	31.4	42.0	240.0	30.0	—	10.6
白族	城市	18.8	—	—	2.6	—	—
	农村	42.9	—	77.1	19.1	2.0	142.0
	小计	27.9	—	77.1	8.2	2.0	142.0
纳西族	城市	60.0	67.0	300.0	19.7	17.3	1.5
	农村	15.8	29.6	20.2	—	—	—
	小计	39.7	47.3	90.0	19.7	17.3	1.5
其他民族	城市	90.0	47.1	51.4	20.0	—	—
	农村	27.2	42.0	60.0	45.0	28.6	—
	小计	36.0	47.1	51.4	30.0	28.6	—

注：表 4-12 指具有土壤暴露行为成人的暴露时间；—表示无数值。

第三节　综合分析

一、云南省成人土壤/尘环境暴露参数与国内外存在明显差异

云南省成人土壤经皮肤综合暴露系数低于我国成人平均暴露系数（表 4-13），但显著高于美国成人平均暴露系数，主要受暴露时间等因素影响。

表 4-13　云南省成人土壤/尘综合暴露系数与国内外比较

类别		指标	云南	中国	美国	日本	韩国
综合暴露系数	土壤	土壤经皮肤综合暴露系数	3.53	3.740	1.042	—	—
暴露参数	暴露时间	土壤暴露时间/（min/d）	180	204	60	—	—

注：表 4-13 指具有土壤暴露行为成人的综合暴露系数；—表示无数值。

二、云南省成人土壤/尘环境暴露行为存在地区、城乡、性别、年龄和民族差异

云南省不同年龄和城乡地区成人土壤/尘环境综合暴露系数见表 4-14。

表 4-14　不同年龄和城乡地区成人土壤/尘环境综合暴露系数

合计		土壤经皮肤综合暴露系数
性别	男	3.65
	女	3.26
年龄	18~44 岁	3.01
	45~59 岁	4.21
	≥60 岁	3.97
城乡	城市	3.14
	农村	3.50

合计		土壤经皮肤综合暴露系数
地区	曲靖市	4.60
	普洱市	2.22
	丽江市	3.33
	昆明市	3.59
	红河州	4.60
	大理州	3.34
民族	汉族	3.95
	彝族	2.72
	哈尼族	3.40
	白族	2.44
	纳西族	3.59
	其他民族	4.97

注：表 4-14 指具有土壤暴露行为成人的综合暴露系数。

1. 性别与年龄差异

从性别分布来看，土壤经皮肤综合暴露系数男性高于女性。

从年龄分布来看，18～44 岁成人土壤经皮肤综合暴露系数最高，18～44 岁其次，分别超过中国平均水平的 1.13 倍和 1.06 倍。

2. 地区和城乡差异

从城乡分布来看，农村地区成人综合暴露系数高于城市地区；从地区分布来看，曲靖市与红河州成人土壤经皮肤综合暴露系数最高，是全国平均水平的 1.23 倍，普洱市最低。

3. 民族差异

从民族分布来看，其他民族土壤经皮肤综合暴露系数最高，为全国平均水平的 1.33 倍，白族最低，为全国平均水平的 0.65 倍。

三、在环境管理中的应用（健康风险评估）

经皮肤摄入日均暴露量

$$\text{ADD}_{\text{dermal-soil}} = \frac{C_s \times \text{CF} \times \text{SA}_s \times \text{AF} \times \text{ABS}_d \times \text{EF} \times \text{ED}}{\text{BW} \times \text{AT}} \quad (4\text{-}1)$$

式中：$\text{ADD}_{\text{dermal-soil}}$——皮肤接触土壤中污染物的日均暴露量，mg/（kg·d），暴露量取 20 mg/（kg·d）；

C_s——皮肤接触土壤中污染物浓度，mg/kg，取值 10 mg/kg；

CF——质量转换因子，$1×10^{-6}$ kg/mg；

SA_s——皮肤接触土壤表面积，cm^2/event，皮肤接触含铅土壤面积取 30 cm^2/event；

AF——皮肤对土壤的黏附因子，mg/cm^2，黏附因子取 1 mg/cm^2；

ABS_d——皮肤对污染物的吸收因子，量纲一，取值 0.4；

EF——暴露频率，d/a，取值 20 d/a；

ED——暴露持续时间，a，取值 1 a；

BW——体重，kg；

AT——平均暴露时间，d，取值 5 d。

结果与讨论：假设土壤中污染物铅浓度为 10 mg/kg，采用云南省成人环境暴露行为模式参数计算得到的成人暴露风险结果与我国同年龄段成人相比存在差异，但差异较小，因此在进行居民环境健康评价时应该优先采用地方人群的暴露参数（表 4-15）。

表 4-15　经口/皮肤摄入暴露量

单位：mg/（kg·d）

年龄分段	云南	中国
18~44 岁	$1.1×10^{-7}$	$1.0×10^{-7}$
45~59 岁	$1.1×10^{-7}$	$1.0×10^{-7}$
≥60 岁	$1.1×10^{-7}$	$1.0×10^{-7}$

第五章

与环境健康风险相关的暴露防范特征

第一节 与饮水相关的暴露防范特征

云南省成人日常饮用开水占比为 68.19%，但在性别、年龄、城乡及地区等维度上存在一定差异。从性别分布来看，女性成人日常饮用开水占比高于男性。从年龄分布来看，18～44 岁年龄段成人日常饮用开水占比最低，提示这部分群体的暴露防范意识有待提升。从城乡差异来看，城市地区成人日常饮用开水占比高于农村地区。从地区分布来看，普洱市成人日常饮用开水占比最高，大理州成人最低，云南省不同年龄、城乡和地区成人日常饮用开水的构成情况如表 5-1 所示。

表 5-1 不同年龄、城乡和地区成人日常饮用开水的构成情况

		日常饮用开水占比/%		
		男	女	小计
合计		30.55	37.64	68.19
年龄	18～44 岁	28.35	38.71	67.06
	45～59 岁	33.25	35.83	69.08
	≥60 岁	32.27	37.51	69.78
城乡	城市	31.64	37.19	68.83
	农村	29.65	38.01	67.66

		日常饮用开水占比/%		
		男	女	小计
地区	曲靖市	32.40	34.85	67.24
	普洱市	29.24	41.10	70.34
	丽江市	29.91	37.97	67.88
	昆明市	35.21	33.66	68.87
	红河州	29.65	38.52	68.17
	大理州	26.01	40.69	66.70

　　云南省各民族成人随年龄段增大，日常饮用开水占比降低，农村地区 45～59 岁和≥60 岁成人日常饮用开水占比高于城市地区。从民族分布来看，其他民族 18～44 岁成人日常饮用开水占比最高，纳西族 45～59 岁和≥60 岁成人日常饮用开水占比最高，云南省不同年龄和民族成人日常饮用开水的构成情况如表 5-2 所示。

表 5-2　不同年龄和民族成人日常饮用开水的构成情况

		日常饮用开水占比/%		
		18～44 岁	45～59 岁	≥60 岁
合计	城市	35.30	19.78	13.75
	农村	33.41	20.14	14.11
	小计	34.26	19.98	13.95
汉族	城市	33.25	22.19	13.57
	农村	34.59	20.51	13.01
	小计	33.95	21.31	13.28
彝族	城市	37.35	14.06	16.47
	农村	31.68	16.83	17.16
	小计	34.24	15.58	16.85
哈尼族	城市	36.51	14.29	17.46
	农村	39.39	17.05	10.98
	小计	38.19	15.89	13.69
白族	城市	44.44	13.13	12.12
	农村	30.32	27.74	10.32
	小计	35.83	22.05	11.02
纳西族	城市	28.77	28.08	15.75
	农村	18.80	21.43	26.32
	小计	22.33	23.79	22.57
其他民族	城市	47.49	10.50	8.22
	农村	37.12	19.02	11.66
	小计	41.28	15.60	10.28

第二节　与土壤相关的暴露防范特征

云南省成人的日均洗手频次集中在 5~10 次，但在性别、年龄、城乡和地区等维度上存在一定差异。从性别分布来看，女性成人洗手频次超过 5 次的占比明显高于男性。从年龄分布来看，60 岁及以上老龄群体的日均洗手频次集中于 0~3 次和 3~5 次，这可能与老年人传统生活习惯和防护意识相对薄弱有关。在 18~44 岁成人中，日均洗手频次为 5~10 次的占比最大，而 45~59 岁成人的日均洗手频次大于 10 次的占比最大。从城乡分布来看，成人洗手频次未见明显差别。从地区分布来看，曲靖市成人洗手频次为 0~3 次和 3~5 次占比最大，红河州成人洗手频次为 5~10 次占比最大，普洱市成人洗手频次大于 10 次占比最大。云南省不同民族、城乡和地区成人日均洗手频次为 0~3 次和 3~5 次的构成情况见表 5-3 和表 5-4。

表 5-3　不同民族、城乡和地区成人日均洗手频次为 0~3 次和 3~5 次的构成情况

单位：次/d

		0~3			3~5		
		男	女	小计	男	女	小计
	合计	3.9	2.8	6.7	14.5	14.0	28.5
年龄	18~44 岁	3.4	2.4	5.9	13.8	14.4	28.2
	45~59 岁	3.2	2.8	6.0	14.6	11.7	26.2
	≥60 岁	5.9	4.0	9.9	16.4	16.1	32.4
城乡	城市	4.3	2.2	6.5	15.0	13.9	28.9
	农村	3.5	3.3	6.8	14.2	14.0	28.1
地区	曲靖市	6.1	3.9	10.0	19.1	18.7	37.8
	普洱市	2.4	1.0	3.4	8.5	7.7	16.2
	丽江市	2.5	2.0	4.4	14.2	17.0	31.2
	昆明市	4.7	3.2	7.9	19.8	15.4	35.2
	红河州	2.8	0.9	3.6	12.6	9.8	22.5
	大理州	3.9	5.5	9.4	11.4	14.2	25.6

表 5-4　不同民族、城乡、地区成人日均洗手频次为 5～10 次和大于 10 次的构成情况

单位：次/d

		5～10			大于 10		
		男	女	小计	男	女	小计
合计		17.3	23.3	40.6	9.3	14.9	24.2
年龄	18～44 岁	16.9	25.0	41.8	8.8	15.2	24.1
	45～59 岁	18.9	21.9	40.9	10.9	16.0	26.9
	≥60 岁	16.1	21.1	37.2	8.1	12.4	20.5
城乡	城市	17.3	23.0	40.3	8.9	15.2	24.2
	农村	17.3	23.5	40.9	9.6	14.6	24.2
地区	曲靖市	18.5	19.7	38.2	6.2	7.8	14.0
	普洱市	14.9	21.1	36.0	15.5	28.9	44.4
	丽江市	19.5	26.5	46.0	7.9	10.4	18.3
	昆明市	16.6	21.3	37.9	9.3	9.6	19.0
	红河州	20.4	28.7	49.1	7.8	17.0	24.8
	大理州	14.6	24.7	39.2	9.1	16.8	25.8

　　云南省各民族成人的日均洗手频次集中在 3 次以上，但在不同年龄段、城乡区域及民族间存在显著差异。在城市地区，18～44 岁和 45～59 岁年龄段成人的日均洗手频次集中在 0～10 次，其占比普遍高于农村地区。从民族分布来看，在 18～44 岁年龄段，彝族成人日均洗手频次为 0～3 次的占比最高，提示这部分群体的日常防护意识有待提升；其他民族成人日均洗手频次为 3～10 次占比最高，反映了适度的卫生习惯；哈尼族成人日均洗手频次大于 10 次占比最高，显示出良好的日常卫生习惯。在 45～59 岁年龄段，汉族成人日均洗手频次为 0～5 次占比最高，纳西族成人日均洗手频次为 5～10 次占比最高，白族成人日均洗手频次大于 10 次占比最高。在 ≥60 岁年龄段，彝族成人日均洗手频次为 0～3 次占比最高，纳西族成人洗手频次为 3～10 次占比最高，其他民族成人洗手频次大于 10 次占比最高。云南省不同民族成人日均洗手频次构成情况见表 5-5 和表 5-6。

表 5-5　不同民族成人日均洗手频次为 0～3 次和 3～5 次的构成情况

单位：次/d

		0～3			3～5		
		18～44 岁	45～59 岁	≥60 岁	18～44 岁	45～59 岁	≥60 岁
合计	城市	3.1	1.9	1.6	14.6	8.2	6.1
	农村	2.9	1.6	2.3	14.3	7.1	6.8
	小计	3.0	1.7	2.0	14.4	7.6	6.5

		0～3			3～5		
		18～44 岁	45～59 岁	≥60 岁	18～44 岁	45～59 岁	≥60 岁
汉族	城市	2.8	2.4	1.3	14.1	10.0	6.7
	农村	3.1	1.7	1.6	14.9	7.9	6.8
	小计	3.0	2.1	1.5	14.5	8.9	6.8
彝族	城市	6.0	1.2	2.8	16.9	3.6	6.8
	农村	3.3	2.6	8.6	13.5	6.9	9.2
	小计	4.5	2.0	6.0	15.0	5.4	8.2
哈尼族	城市	2.1	1.6	3.7	8.5	5.8	5.3
	农村	4.5	0.4	1.9	14.8	4.2	3.0
	小计	3.5	0.9	2.6	12.1	4.9	4.0
白族	城市	0.0	0.0	2.0	14.1	2.0	2.0
	农村	3.9	0.6	1.9	9.7	9.0	5.8
	小计	2.4	0.4	2.0	11.4	6.3	4.3
纳西族	城市	4.1	0.7	1.4	13.7	10.3	6.2
	农村	1.5	1.5	1.1	8.3	6.8	13.9
	小计	2.4	1.2	1.2	10.2	8.0	11.2
其他民族	城市	3.2	0.0	0.5	21.5	3.2	3.7
	农村	1.2	1.5	1.2	18.4	4.3	1.8
	小计	2.0	0.9	0.9	19.6	3.9	2.6

表 5-6　不同民族成人日均洗手频次为 5～10 次和大于 10 次的构成情况

单位：次/d

		5～10			大于 10		
		18～44 岁	45～59 岁	≥60 岁	18～44 岁	45～59 岁	≥60 岁
合计	城市	21.6	12.3	6.5	13.1	6.9	4.2
	农村	21.2	11.5	8.2	11.7	8.5	4.0
	小计	21.4	11.8	7.4	12.3	7.8	4.1
汉族	城市	19.2	13.8	6.3	12.1	6.8	4.3
	农村	22.1	11.5	7.3	12.1	7.6	3.3
	小计	20.7	12.6	6.8	12.1	7.2	3.8
彝族	城市	22.9	10.8	8.8	12.4	4.8	2.8
	农村	18.8	10.2	8.3	9.6	5.6	3.3
	小计	20.7	10.5	8.5	10.9	5.3	3.1
哈尼族	城市	28.6	8.5	8.5	17.5	5.3	4.8
	农村	23.5	9.8	4.5	15.9	12.1	5.3
	小计	25.6	9.3	6.2	16.6	9.3	5.1

		5～10			大于 10		
		18～44 岁	45～59 岁	≥60 岁	18～44 岁	45～59 岁	≥60 岁
白族	城市	33.3	5.1	3.0	22.2	10.1	6.1
	农村	18.7	11.0	5.2	14.8	14.8	4.5
	小计	24.4	8.7	4.3	17.7	13.0	5.1
纳西族	城市	17.8	16.4	8.9	6.2	9.6	4.8
	农村	12.4	14.7	19.5	6.4	9.4	4.5
	小计	14.3	15.3	15.8	6.3	9.5	4.6
其他民族	城市	29.7	6.4	3.2	17.8	7.8	3.2
	农村	24.5	11.3	8.6	10.7	9.5	6.7
	小计	26.6	9.4	6.4	13.6	8.8	5.3

第三节   综合分析

　　云南省成人的洗手频次与其职业特性密切相关（表 5-7）。调查结果显示，医务人员与街边商铺人员（如厨师、烧烤等）的日均洗手频次超过 10 次的比例明显高于其他职业人群，这可能与其工作环境的卫生要求和个人防护意识密切相关。以农民群体为例，进一步分析学历水平与洗手频次之间的关系（表 5-8）。结果表明，随着学历水平的提升，农民的洗手频次逐渐增加，显示出受教育程度对健康行为具有积极影响。此外，居住环境也是洗手频次的重要影响因素。调查发现，居住在 1 km 范围内存在工厂或公路的部分成人，其日均洗手频次超过 3 次的比例明显增加（表 5-9）。这可能与空气污染、粉尘暴露等环境因素相关，促使居民更频繁地采取清洁措施以降低健康风险。综上所述，加强环境健康宣传教育，提高公众对健康风险的认知与防护能力，对于改善日常卫生习惯、降低环境暴露相关健康风险具有重要意义。这不仅有助于提升个体健康素养，也为构建健康环境和推动公共卫生管理提供了有效路径。

表 5-7　不同职业成人洗手频次构成情况

单位：次/d

	0～3	3～5	5～10	大于 10
农民	7.1	28.4	41.1	23.4
牧民	0.0	16.7	83.3	0.0
个体经营人员	6.8	27.1	37.3	28.8

	0～3	3～5	5～10	大于 10
街边商铺人员	2.4	13.9	36.7	47.0
医务人员	5.5	21.6	33.0	39.9
办公室人员	3.3	27.3	47.8	21.7
渔民	14.3	14.3	57.1	14.3
司机	12.1	34.5	29.3	24.1
交通执勤人员	16.7	20.8	41.7	20.8
教师	5.2	19.4	46.3	29.1
工人	8.0	35.6	39.0	17.5
退休人员	8.3	25.4	43.2	23.1
学生	9.1	35.5	39.9	15.5
无职业/待业人员	5.0	26.8	42.0	26.2
其他人员	5.3	30.2	38.3	26.2

表5-8　不同文化程度农民洗手频次构成情况

单位：%

	0～3 次/d	3～5 次/d	5～10 次/d	大于 10 次/d
小学及以下	8.8	29.0	39.3	23.0
初中	5.0	28.4	42.7	23.9
高中/中专/技校	3.3	24.3	46.7	25.7
大专	0.0	26.7	46.7	26.7
本科	0.0	20.0	80.0	0.0

表5-9　不同文化程度成人在家周边有工厂/公路条件下洗手频次构成情况

单位：%

	学历	0～3 次/d	3～5 次/d	5～10 次/d	大于 10 次/d
周边有工厂	小学及以下	13.2	37.0	32.8	16.9
	初中	3.0	31.5	36.4	29.1
	高中/中专/技校	7.9	33.7	35.8	22.6
	大专	4.2	20.8	50.0	25.0
	本科	4.1	33.7	41.8	20.4
	硕士研究生	0.0	0.0	100.0	0.0
周边有公路	小学及以下	8.0	30.1	39.5	22.4
	初中	4.8	26.5	42.2	26.5
	高中/中专/技校	6.1	28.9	40.2	24.9
	大专	6.5	24.5	43.4	25.6
	本科	6.1	28.6	40.6	24.7
	硕士研究生	5.1	25.9	39.3	29.6

第六章

结论与建议

第一节 主要研究结论

1. 云南省成人环境暴露行为模式具有地域特异性

云南省成人的环境暴露行为模式与国外存在较大差异，直接引用国外暴露参数评价云南省成人健康风险偏差较大，无法准确反映本地人群的真实暴露状况。

2. 云南省成人综合暴露系数低于全国平均水平，但差异显著

云南省成人综合暴露系数总体低于全国成人平均暴露系数，但在地区、年龄、城乡、性别和民族等方面存在差异，这表明暴露行为具有复杂的空间和人群特征。为提高健康风险评估的科学性和精准性，有必要建立和完善云南省暴露参数数据库，科学、合理地选择暴露参数，以支撑环境健康研究和风险管理工作。

3. 部分地区仍存在饮水安全隐患

云南省部分地区成人仍面临饮水安全风险，地方政府应加快解决饮水安全问题，排除公众健康风险。

4. 环境暴露防护意识与职业特性密切相关

云南省成人环境暴露防护意识与职业特性存在显著相关关系，部分职业（如农民等）具有环境暴露防护意识的占比较低，政府及社区应当加强环境与健康知识的宣传，推动形成具有自我防护意识的健康生活方式。

第二节　存在的问题

本书采用分层抽样方法，针对云南省六大片区典型地区（昆明市、曲靖市、红河哈尼族彝族自治州、大理白族自治州、普洱市和丽江市）开展了成人暴露参数调查。然而，受研究资源和条件限制，部分少数民族（如藏族、傣族等）样本量较小，可能限制了数据的代表性和外推性。

本书重点调查了云南省成人与水环境和涉土壤/尘暴露相关的行为模式及关键参数，但尚未开展空气暴露参数研究。这在一定程度上限制了暴露参数手册的完整性，难以全面覆盖所有主要环境介质，可能影响了环境健康风险评估的全面性。

云南省拥有丰富的矿产资源，且频发的重金属污染事件对环境和人群健康构成威胁。目前，针对特殊区域（如采矿区、冶炼厂周边等）的暴露行为模式研究仍不充分，亟须深入开展专项调查，结合污染物多途径暴露特征，开展综合暴露评估（Aggregate Exposure Assessment），为污染防控和健康风险管理提供科学依据。

第三节　对策与建议

云南省环境健康风险评估与管控中应优先使用本地暴露参数，提升健康风险评估的精准性。结合各地市（州）的环境污染物浓度、环境效应数据，准确开展不同地区、不同人群的暴露评价和风险评估。这将有助于科学推导适用于云南特殊地理环境的污染物健康基准，优化污染防控策略，提高环境管理与政策决策的科学性和针对性。

针对云南省人群暴露特征，制定差异化的暴露防控措施。对于高风险地区和特殊职业人群，有必要设置安全防护距离，制定科学的暴露限值，开展健康风险预警与动态管控工作，降低长期环境暴露带来的健康风险。

云南省地处中国西南边疆，毗邻老挝、缅甸等国家。每年3—7月是大气污染高发期，跨境污染问题日益突出。建议深入开展大气污染暴露行为研究，评估跨境污染对云南省人体健康的潜在影响，完善跨区域污染联防联控机制，推动形成区域协同治理体系，提升环境健康风险防控能力。

　　建议在云南省范围内建立系统化的暴露参数数据库，涵盖不同地区、民族、职业和年龄段人群的环境暴露数据，促进数据共享与动态更新。通过持续监测和科学研究，为环境健康风险评估、环境政策制定和污染防控提供坚实的数据支持。

　　建议政府部门与社区合作，定期开展环境与健康知识的宣传活动，尤其针对农村地区和高风险职业人群，普及饮用水安全、空气污染防护、化学品暴露防护等方面的知识。通过增强公众的环境健康意识，推动形成全民参与、共建共享的健康生活方式。

参考文献

[1] 鲍梦莹，段链，王琼，等. 场地周边人群环境暴露参数调查研究——以山西某焦化厂为例[J]. 环境卫生学杂志，2022，12（5）：351-357.

[2] 段小丽. 暴露参数的研究方法及其在环境健康风险评价中的作用[M]. 北京：科学出版社，2012.

[3] 孟倩倩，薛振伟，路文芳，等. 山西省太原市居民暴露参数调查[J]. 环境卫生学杂志，2022，12（8）：566-573.

[4] 环境保护部. 中国人群环境暴露行为模式研究报告（成人卷）[M]. 北京：中国环境出版社，2013a.

[5] 环境保护部办公厅. 关于印发《国家环境保护环境与健康工作办法（试行）》的通知：环办科技〔2018〕15 号[EB/OL].（2018-01-25）[2021-10-10]. https://www.mee.gov.cn/gkml/hbb/bgt/201801/t20180130 430549.htm.

[6] National Institute of Environmental Research（NIER）. Korean exposure factors handbook[EB/OL].（2019）[2022-03-17]. https://library.me.go.kr/#/total-search？keyword=Korean%20exposure%20factors% 20handbook.

[7] National Institute of Advanced Industrial science and Technology（NIAIsT）. Japanese Exposure Factors Handbook[EB/OL].（2007）[2022-02-25]. http:/unit.aist.go.jp/riss/crm/exposurefactors/english summary.html.

[8] United states Environmental Protection Agency（USEPA）. Exposure Factors Handbook[EB/OL].（2011-09）[2022-02-17]. https://www.epa.gov/expobox/about-exposure-factors-handbook.

附　录

附录1　成人调查点位及样本分布

市（州）	县（市、区）	镇（乡）	调查样本量								
			城市			农村			合计		
			18～44 岁	45～59 岁	≥60 岁	18～44 岁	45～59 岁	≥60 岁	18～44 岁	45～59 岁	≥60 岁
曲靖市	麒麟区	南宁街道、越州镇	326	141	70	314	156	95	640	297	165
	会泽县	金钟街道、者海镇	237	101	77	241	175	113	478	276	190
	宣威市	板桥街道、落水镇	115	99	50	186	168	151	301	267	201
普洱市	思茅区	思茅镇、南屏镇、倚象镇	196	199	111	277	161	84	473	360	195
	宁洱县	宁洱县、磨黑镇、同心镇	223	109	91	219	103	78	442	212	169
丽江市	古城区	大东乡、大研街道、束河街道	232	92	69	309	123	136	541	215	205
	玉龙县	黄山镇、大具乡、九河白族乡、石鼓镇	326	141	70	314	156	95	640	297	165
红河哈尼族彝族自治州	蒙自市	文澜街道、草坝镇、期路白苗族乡	237	101	77	241	175	113	478	276	190
	个旧市	城区街道、卡房镇	115	99	50	186	168	151	301	267	201
	泸西县	中枢镇、旧城镇	196	199	111	277	161	84	473	360	195
大理白族自治州	大理市	下关镇、大理镇	223	109	91	219	103	78	442	212	169
	洱源县	茈碧湖镇、三营镇	232	92	69	309	123	136	541	215	205
	宾川县	金牛镇、宾居镇	326	141	70	314	156	95	640	297	165

附录2　云南省人群时间活动行为模式调查——成人卷

云南省人群时间活动行为模式调查——成人卷

调查点地址（具体到乡镇/街道）：＿＿＿＿＿＿＿＿＿＿＿＿

问卷编码：□□□□□□□□□

A　基本情况

A1. 您的性别：□1 男　□2 女

A2. 您的出生年月：□□□□年□□月□□日或□□周岁

（请选择，上述填写日期为：□阳历　　□阴历/农历）

A3. 您的身高：□□□cm（厘米）

A4. 您的体重：□□□.□□kg（千克或公斤）

A5. 您的民族：□1 汉族　　□2 白族　　□3 彝族　　□4 哈尼族　　□5 壮族

　　　　　　　□6 傣族　　□7 苗族　　□8 傈僳族　　□9 回族　　□10 拉祜族

　　　　　　　□11 佤族　　□12 纳西族　　□13 瑶族　　□14 藏族　　□15 景颇族

　　　　　　　□16 布朗族　　□17 布依族　　□18 其他民族＿＿＿＿＿（请备注）

A6. 您的文化程度：□1 小学及以下　　□2 初中毕业　　□3 高中/中专/技校毕业

　　　　　　　　　□4 大专毕业　　□5 本科毕业　　□6 硕士研究生及以上

（注：对于尚未毕业的学生或肄业的调查对象，指已经获得的学历，如调查对象是一名高一学生，则选择初中毕业）

A7. 您的职业：

□1 农民　□2 牧民　□3 露天场所的个体经营者　□4 街边商铺

□5 医务工作人员　□6 办公室人员　□7 渔民　□8 司机

□9 道路交通执勤人员　□10 教师　□11 工人　□12 退休　□13 学生

□14 无职业/待业　□15 其他＿＿＿＿＿＿（请注明）

（注：5 医务工作人员——包括医生、护士、检验、影像等医务工作者；6 办公室人

员——主要在室内工作场所如办公室从事脑力劳动工作的人员，如公务员、企事业单位管理人员等；11 工人——指在各行业或企业从事体力工作的人员）

A8. 您家经常居住的场所周边 1 km 范围内是否有工厂？ □是　□否

（注：此处的工厂指运营中的工厂）

A9. 您家经常居住的场所 50 m 范围内是否有公路？　□是　□否

（注：此处的公路指高速公路、国道、省道、县道、农村公路。乡村公路指乡/镇间、乡/镇内与乡/镇与村的主干道）

B 与土壤/尘相关的行为模式

B1. 您平时什么时候洗手？（可多选）

□1 餐前　□2 务农后　□3 接触清洁东西前　□4 接触不干净物品后

□5 接触公共物品后

B2. 您平均每天洗多少次手？

□0~3 次（含）　□3~5 次（含）　□5~10 次（含）　□大于 10 次

B3. 过去 12 个月，您在生活或工作中是否存在与土壤直接进行接触的行为？为什么接触？接触土壤的频次和时间？

接触原因（可多选）	接触频次 （以下 3 个选择一个进行填写）	接触时间（每次）
□1 不接触→转 C1		
□2 务农性接触（指规律性农业生产活动中与土壤的接触行为，如田间劳动等，不包括在家中种植盆栽植物的行为）	□□次/天 □□次/月 □□次/年	□□小时□□分钟/次
□3 其他生产性接触（指由于工作需要而接触土壤或扬尘）	□□次/天 □□次/月 □□次/年	□□小时□□分钟/次
□4 健身休闲性接触（指在裸露土壤上跑步、健身等运动中有明显可见扬尘的情况）	□□次/天 □□次/月 □□次/年	□□小时□□分钟/次
□5 其他_____（请注明）	□□次/天 □□次/月 □□次/年	□□小时□□分钟/次

C 与水相关的行为模式

C1. 您日常最主要的饮水类型是什么？（单选）

□1 自来水　　□2 购买的桶装水或瓶装水　　□3 井水

□4 泉水　　□5 地表水（江/河/湖）　　□6 其他＿＿＿＿（请注明）

C2. 您日常生活用水最主要的类型是什么？（单选）

□1 自来水　　□2 井水　　□3 地表水　　□4 泉水　　□5 其他＿＿＿＿＿（请注明）

C3. 您习惯喝开水还是生水？（单选）

□1 开水（煮沸烧开的水，包括热水和放凉的白开水等）

□2 生水（未经煮沸的水）　　□3 开水与生水均适用

□4 不适用（桶装水或瓶装水等商品性质的水）

C4. 您通常每天大约喝几杯水？（以右图水杯为标准，250 mL/杯）

您通常每天大约喝几杯水（白水或以咖啡、茶、奶粉等形式冲饮的水，不包括购买的牛奶、饮料等）？	1 春秋季	□□.□杯/天
	2 夏季	□□.□杯/天
	3 冬季	□□.□杯/天

C5. 您每天喝粥和汤大约几碗？（以右图碗为标准，300 mL/碗）

	□不喝粥和汤→转 C6	
您通常每天大约喝粥和汤多少碗？（碗数为喝粥和汤中水的总和）	1 春秋季	□□.□碗/天
	2 夏季	□□.□碗/天
	3 冬季	□□.□碗/天

C6. 过去 12 个月，您日常的洗澡场所和类型为（可多选）？

□1 自己家中或公共浴室-盆浴　　　　□2 自己家中或公共浴室-淋浴或冲洗

□3 江水、河水、湖水、水库水等　　□4 其他＿＿＿＿＿＿（请注明）

（注：冲洗——指在自己家中用脸盆等形式冲洗）

C7. 过去 12 个月，您通常多长时间洗一次澡？每次洗澡多长时间？

春秋季	□□次/月	□□□分钟/次
夏季	□□次/月	□□□分钟/次
冬季	□□次/月	□□□分钟/次

（注：时间——指在洗澡过程中实际与水接触的时间，不包括穿、脱衣服等的时间）

C8. 近一年来您是否游泳？   □1 是   □2 否→结束问卷

C9. 您通常在哪里游泳（可多选）？

□1 公共游泳池   □2 河流、池塘等   □3 其他_____（请注明）

C10. 过去 12 个月，您通常多长时间游一次泳？每次游泳多长时间？

春秋季	□□次/月	□□□分钟/次
夏季	□□次/月	□□□分钟/次
冬季	□□次/月	□□□分钟/次

（注：时间——指在洗澡过程中实际与水接触的时间，不包括穿、脱衣服等的时间；若某季节不游泳则填"0"）

调查员签名：

日期：   年   月   日